UTB 3120

W0402006

**Eine Arbeitsgemeinschaft der Verlage**

Böhlau Verlag · Köln · Weimar · Wien
Verlag Barbara Budrich · Opladen · Farmington Hills
facultas.wuv · Wien
Wilhelm Fink · München
A. Francke Verlag · Tübingen und Basel
Haupt Verlag · Bern · Stuttgart · Wien
Julius Klinkhardt Verlagsbuchhandlung · Bad Heilbrunn
Lucius & Lucius Verlagsgesellschaft · Stuttgart
Mohr Siebeck · Tübingen
C. F. Müller Verlag · Heidelberg
Orell Füssli Verlag · Zürich
Verlag Recht und Wirtschaft · Frankfurt am Main
Ernst Reinhardt Verlag · München · Basel
Ferdinand Schöningh · Paderborn · München · Wien · Zürich
Eugen Ulmer Verlag · Stuttgart
UVK Verlagsgesellschaft · Konstanz
Vandenhoeck & Ruprecht · Göttingen
vdf Hochschulverlag AG an der ETH Zürich

Gabriele Moos, André Peters

# BWL für soziale Berufe

## Eine Einführung

Mit 71 Abbildungen und 25 Tabellen

Ernst Reinhardt Verlag München Basel

Prof. Dr. *Gabriele Moos* lehrt Sozialmanagement an der Fachhochschule Koblenz, RheinAhrCampus Remagen.

Dipl.-Kaufmann *André Peters* ist Geschäftsbereichsleiter bei der contec GmbH, Stuttgart.

Coverbild unter Verwendung eines Fotos von Jan Prchal, fotolia.com

Bibliografische Information der Deutschen Nationalbibliothek

Die Deutsche Nationalbibliothek verzeichnet diese Publikation in der Deutschen Nationalbibliografie; detaillierte bibliografische Daten sind im Internet über <http://dnb.d-nb.de> abrufbar.
UTB-ISBN 978-3-8252-3120-0
ISBN 978-3-497-02026-3



Einbandgestaltung: Atelier Reichert, Stuttgart
Satz: Arnold & Domnick, Leipzig
Druck: Friedrich Pustet, Regensburg
Printed in Germany
ISBN **978-3-8252-3120-0** (UTB-Bestellnummer)

Ernst Reinhardt Verlag, Kemnatenstr. 46, D-80639 München
Net: www.reinhardt-verlag.de E-Mail: info@reinhardt-verlag.de

# Inhalt

# Hinweise zur Benutzung dieses Lehrbuches

Zur schnelleren Orientierung wurden Piktogramme benutzt, die folgende Bedeutung haben:

**Literaturempfehlungen**

**Merksätze**

# Abkürzungsverzeichnis

**AfA** Absetzung vor Abnutzung
**AO** Abgabenordnung
**AR** Aufsichtsrat
**BAB** Betriebsabrechnungsbogen
**Basel II** Gesamtheit der Eigenkapitalvorschriften
**BAT** Bundesangestelltentarifvertrag
**BH** Behindertenhilfe
**DIN** Deutsche Industrienorm
**DV-System** Datenverarbeitungssystem
**EDV** Elektronische Datenverarbeitung
**EFQM** European Foundation for Quality Management
**EN** Europa-Norm
**FIBU** Finanzbuchhaltung
**FM-Daten** Facility Management-Daten
**GB** Geistige Behinderung
**GuV** Gewinn- und Verlustrechnung
**H 1** Haus 1
**HGB** Handelsgesetzbuch
**ISO** International Organization for Standardization
**K 1** Klinik 1
**Korresp.** Korrespondenz
**Kto.** Konto
**KVP** Kontinuierlicher Verbesserungsprozess
**L+G** Lohn und Gehalt
**MA** Mitarbeiter
**NPO** Non-Profit-Organisation
**PB** Psychische Behinderung
**PE** Personalentwicklung
**PDCA-Zirkel** Plan Do Check Act-Zirkel
**PK** Personalkosten
**PR** Public Relations
**QM** Qualitätsmanagement
**QM-Modell** Qualitätsmanagement-Modell
**QM-System** Qualitätsmanagement-System
**SGF** Strategisches Geschäftsfeld
**SK** Sachkosten
**Soz. Abg.** Sozialabgaben
**TN** Teilnehmer
**TQM-Modell** Total Quality Management-Modell
**TVÖD** Tarifvertrag des öffentlichen Dienstes
**W 1** Wohnbereich 1
**WfbM** Werkstatt für behinderte Menschen

# Vorwort

Das Thema „Betriebswirtschaftslehre“ spielt in allen sozialen Organisationen eine immer wichtigere Rolle. Auch nicht gewinnorientierte soziale Unternehmen (NPOs) müssen nachhaltig schwarze Zahlen schreiben, damit Neuinvestitionen finanziert werden können.

Viele Berufsgruppen, die in sozialen Einrichtungen Verantwortung tragen, stehen oft unvorbereitet vor Unternehmensentscheidungen. Häufig fehlt der Blick für betriebswirtschaftliche Rechenwerke und Zusammenhänge. Zumindest Grundlagenwissen in Betriebswirtschaftslehre gehört heute sicherlich zu einer modern und professionell ausgeübten Leitungstätigkeit in einem sozialen Unternehmen. In vielen sozialen Unternehmen ist das Thema „Betriebswirtschaftslehre“ allerdings viele Jahre sträflich vernachlässigt worden. Lange Zeit haben sich die Wissensgebiete des Sozialwesens und der Betriebswirtschaftslehre gemieden. Nicht das Trennende weiterhin zu betonen, sondern die gemeinsamen Fragestellungen zu erkennen und wahrzunehmen, ist Zielsetzung dieses Buches.

Natürlich stellt sich bei jedem einführenden Lehrbuch das ewige Dilemma zwischen allgemeinen Darlegungen und speziellen Anwendungsfragen, die, in Abhängigkeit von der jeweiligen Einrichtung, sehr unterschiedlich sein können.

Im Sinne einer Einführung wird im vorliegenden Band Grundlagenwissen in den Bereichen Rechnungswesen, Controlling, Strategisches Management, Risikomanagement, Finanzierung, Personalmanagement, Qualitätsmanagement und Marketing vermittelt. Spezielle Anwendungsfragen für einzelne Tätigkeitsfelder (z.B. Controlling in Kindertageseinrichtungen) werden nur am Rande betrachtet, da diese den Rahmen des Buches gesprengt hätten. Angesichts der Komplexität und Breite des Themas können auch nicht alle Teilgebiete der Betriebswirtschaftslehre betrachtet werden.

Dieses Buch ist in erster Linie für Personen mit Führungsaufgaben in sozialwirtschaftlichen Unternehmen gedacht. Es dürfte auch für diejenigen, die Leitungsaufgaben in sozialen Einrichtungen anstreben und sich darauf im Studium vorbereiten, nützlich sein.

Remagen und Kornwestheim, im Mai 2008

Prof. Dr. G. Moos und A. Peters

# 1 Das Wirtschaften von sozialen Organisationen

## 1.1 Knappheit der Mittel

Die Knappheit der Mittel ist das Schicksal der Menschen. Nur in der Traumwelt des Schlaraffenlandes können sie diesem Los entkommen. Knappheit liegt dann vor, wenn die menschlichen Bedürfnisse bzw. Wünsche größer sind als die verfügbaren Mittel bzw. Ressourcen. Die Mehrzahl der Güter ist jedoch knapp im Verhältnis zu den menschlichen Bedürfnissen. Will der Mensch einen höheren Grad an Bedürfnisbefriedigung erreichen, muss er diese Güter gezielt vermehren, er muss wirtschaften.

**Rationalprinzip**

Wirtschaften ist der Inbegriff aller planvollen menschlichen Tätigkeiten, die unter Beachtung des ökonomischen Prinzips (Rationalprinzip) mit dem Zweck erfolgen, die – an den Bedürfnissen der Menschen gemessene – bestehende Knappheit an Gütern zu verringern.

**knappe Güter**

Die gezielte Vermehrung von knappen Gütern geschieht immer unter dem Einsatz von in einem Produktionsprozess miteinander kombinierten Produktionsfaktoren. Diese werden in der volkswirtschaftlichen Betrachtungsweise in drei Kategorien eingeteilt:

- die natürlichen Ressourcen, oft verkürzt als Boden bezeichnet
- die menschliche Arbeitskraft
- die Produktionsmittel

Die natürlichen Ressourcen sind grundsätzlich nicht vermehrbar. Die Natur bzw. der Boden wird daher als originärer Produktionsfaktor verstanden. Der Faktor „menschliche Arbeit“ wird durch die Zahl und Qualität der eingesetzten Arbeitseinheiten gemessen. Menschliche Arbeitskraft ist vermehrbar und in der Qualität durch Bildung und Ausbildung veränderbar. Die Produktionsmittel als dritter Produktionsfaktor werden hinsichtlich ihres Gesamtwertes häufig als Kapital bezeichnet. Der Produktionsfaktor Kapital besteht also aus produzierten Gütern, die ihrerseits wiederum zur Produktion von weiteren Gütern eingesetzt werden.

Knappheit der Güter resultiert daraus, dass die menschlichen Bedürfnisse bzw. Wünsche größer sind als die frei in der Natur verfügbaren Güter. Die Antwort der Menschen auf die Knappheit ist die unter Einsatz von Produktionsfaktoren gezielte Vermehrung der knappen Güter.

In der Betriebswirtschaftslehre werden die Produktionsfaktoren üblicherweise in Arbeit, Betriebsmittel und Werkstoffe unterschieden. Letztere stellen in der Regel Vorleistungen dar, die von anderen Betrieben bezogen werden.

Der dispositive Faktor umfasst jenen Teil der menschlichen Tätigkeit, der in Form planender, steuernder und kontrollierender Aktivitäten die Kombination der Elementarfaktoren bewirkt und somit Ausdruck der Führung des produktiven Systems ist.

Abbildung 1 verdeutlicht, dass das betriebliche Produktionssystem mit den anderen unternehmerischen Subsystemen in direkter Beziehung steht. Die Beschaffung hat die Aufgabe, die für die Produktion

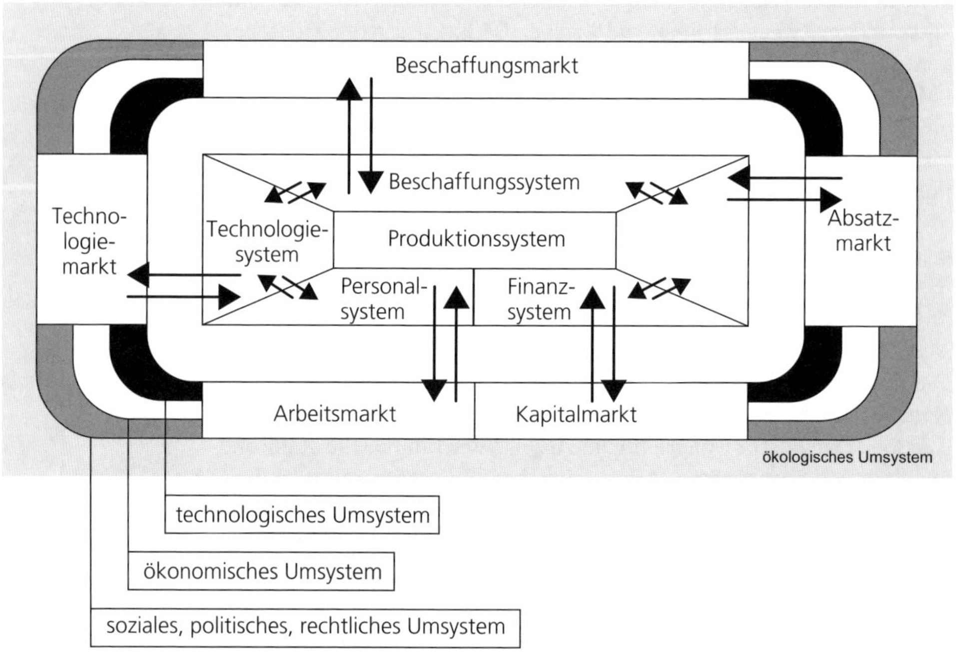


**Abb. 1:** Der betriebliche Leistungserstellungsprozess

erforderlichen Produktionsfaktoren zum richtigen Zeitpunkt in den erforderlichen Mengen und in entsprechender Qualität zu geringen Kosten zu beschaffen. Das Finanzsystem hat dafür die erforderlichen Finanzmittel zur Verfügung zu stellen. Die von der Produktion erstellten Güter werden dann am Absatzmarkt veräußert, wodurch der Unternehmung wieder Mittel zufließen. Dem Subsystem Technologie obliegt die Aufgabe, der Produktion die notwendigen Produktionstechnologien zur Verfügung zu stellen und das Personalsystem hat Mitarbeiter in entsprechender Anzahl und Qualifikation bereitzustellen.

**„soziale Produkte"**

Auch für die Erstellung von sozialen Dienstleistungen werden Produktionsfaktoren benötigt. Der Unterschied zur Sachgüterproduktion besteht darin, dass keine Rohstoffe eingesetzt werden. Überdies sind „soziale Produkte" im Regelfall Dienstleistungen, die besondere Merkmale aufweisen. Für soziale Organisationen modifiziert sich der Prozess der Leistungserstellung z. B. dadurch, dass eine Einbeziehung des Kunden in den Prozess der Leistungserstellung notwendig ist. Der Kunde ist häufig der „externe Faktor", der in die Erstellung der Leistung aktiv oder passiv einbezogen ist. Auch für den Absatz sozialer Dienstleistungen ist häufig ein direkter Kontakt zwischen betrieblichen Produktionsfaktoren und dem Dienstleistungsabnehmer notwendig.

## 1.2 Gilt die Knappheit auch für die Versorgung mit sozialen Gütern?

Der wirtschaftliche Erfolg ist in der Privatwirtschaft handlungsleitendes Prinzip. Alles, was sich „rechnet" und dem eigenen Nutzen dient, ist anzustreben. Ein Unternehmen, das keinen Gewinn macht, kann nicht investieren und sich weiterentwickeln und wird nach den Gesetzen des Marktes früher oder später nicht mehr konkurrenzfähig sein.

Wirtschaften als Entscheidung über knappe Güter ist auch für soziale Einrichtungen ohne Gewinnerzielungsabsicht von Bedeutung. Die Sicherung der Unternehmensexistenz ist für Non-Profit-Unternehmen nur möglich, wenn wirtschaftliche Kompetenzen und wirtschaftliches Verständnis auf allen Ebenen vorhanden sind. Dass ein Umdenken bzw. ein Denken in wirtschaftlichen Kategorien aufgrund der weiterhin zunehmenden Konkurrenz, der sich stetig verändernden Rahmenbedingungen und des steigenden Qualitätsbewusstseins für soziale Einrichtungen überlebensnotwendig ist, erfahren Einrichtungen immer intensiver. Sie müssen auch zur Kenntnis nehmen, dass wirtschaftlicher Erfolg und die Sicherung der eigenen Existenz wesentliche Aufgaben der Leitung von sozialen Einrichtungen sind.

!

Auch soziale Organisationen ohne Gewinnerzielungsabsicht müssen die Existenz durch wirtschaftliches Verhalten sichern.

**Maximal- und Minimalprinzip**

Die Orientierung des unternehmerischen Handelns nach Wirtschaftlichkeitsprinzipien bietet zwei Möglichkeiten. Beim Maximalprinzip wird mit einem vorgegebenen Einsatz von Ressourcen (Material, Kapital, Arbeit) ein möglichst hohes Ergebnis erzielt. Das Minimalprinzip dagegen beinhaltet ein vorgegebenes Ziel, das mit möglichst geringen Ressourcen zu erreichen ist.

Die Effizienz eines Prozesses und somit auch einer jeden Dienstleistung ist ressourcenorientiert zu verstehen und meint das Verhältnis zwischen Input und Output. Sie betrachtet die operative Seite des Geschehens und stellt sich die Frage: „Machen wir es richtig?“

Effizienz = die Dinge richtig tun

Die Frage nach der Effektivität betrachtet den Grad der Zielerreichung bzw. die mittel- bis langfristigen Wirkungen eines Prozesses. Effektivität meint im Gegensatz zur Effizienz die strategische Seite und stellt sich die Frage: „Machen wir das Richtige?“

Effektivität = die richtigen Dinge tun

Den Zusammenhang von Effizienz und Effektivität verdeutlicht Abbildung 2.

Der Input beschreibt den Einsatz von Personal, Betriebs- oder finanziellen Mitteln, der Output das Ergebnis einer Dienstleistung oder die Produkte in Menge und Qualität. In den Betreuungsprozess gehen als Inputfaktoren die Leistungen des pädagogischen Personals, medizinisch-pflegerische Hilfsmittel und vieles mehr ein.

Der Zeitpunkt der Erstellung und der Konsum einer Dienstleistung fallen häufig zusammen. Wenn beispielsweise ein Altenpfleger einen

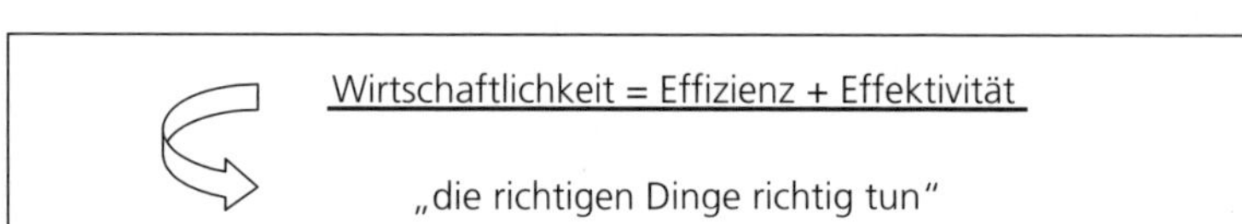


**Abb. 2:** Wirtschaftlichkeit

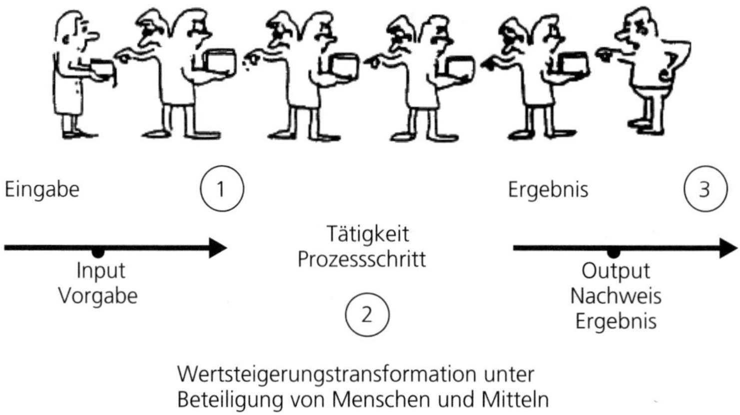


**Abb. 3:** Input und Output – oder: das Wesen eines Prozesses

pflegebedürftigen Heimbewohner wäscht, wird die Leistung im selben Moment konsumiert, in dem sie erstellt wird.

Der Output umfasst den Erfolg der sozialen Arbeit, wie etwa der Integrationsfortschritt, die Rehabilitation oder die soziale Reintegration (Abb. 3). Bei vielen Dienstleistungen ergibt sich die Schwierigkeit der Outputmessung. Eine einstündige Beratung erfasst den mengenmäßigen Output, besagt jedoch nicht wie gut oder schlecht die Beratung war. Objektive Maßstäbe zur Messung des Outputs sind bei sozialen Dienstleistungen nur selten vorhanden, da jede Dienstleistung für jeden Konsumenten individuell erstellt wird.

Soziale Dienstleistungen weisen viele Besonderheiten (z. B. Immaterialität, Individualität) auf. Eine Messung der Qualität der Dienstleistung ist aus diesem Grund sehr schwierig.

Knorr/Offer (1999): Betriebswirtschaftslehre – Grundlagen für die soziale Arbeit

Knorr/Scheibe-Jaeger (2002): Sozialökonomie – Volkswirtschaftliche und betriebswirtschaftliche Grundlagen für die Soziale Arbeit

Schellberg (2004): Betriebswirtschaftslehre für Sozialunternehmen

Schindewolf (2002): Betriebswirtschaftslehre – Organisation und Betriebsführung in der Altenpflege

# 2 Rechnungswesen

## 2.1 Betriebliches Rechnungswesen

In Kapitel 1 wurde gezeigt, dass wirtschaftliches Handeln auch für nicht gewinnorientierte soziale Einrichtungen zunehmend an Bedeutung gewinnt. Wie erfolgreich der Umgang mit finanziellen Ressourcen ist, wird im betrieblichen Rechnungswesen aufgezeigt.

Im Rechnungswesen einer sozialen Einrichtung wird das gesamte Leistungsgeschehen in Zahlen, Daten und Fakten abgebildet.

Jede soziale Organisation erhält Leistungen, zum Beispiel von Hilfsmittelherstellern und sonstigen Zulieferern, sei es in der Betreuungstechnik, beim Pflegebedarf oder im administrativen Bereich. Gleichzeitig erbringen soziale Einrichtungen zahlreiche Leistungen für Kunden, etwa durch betreutes Wohnen, Beratungsleistungen oder offene Hilfen.

**Geldtransaktionen**

Jeweils entgegengesetzt zu den ein- und ausgehenden Leistungsströmen verlaufen Geldtransaktionen. Ein soziales Unternehmen bezahlt Rechnungen und erhält Kostenerstattungen. Aufgabe des Rechnungswesens ist es, diese Leistungs- und Zahlungsvorgänge in einem EDV-System in Geldeinheiten zu bewerten und abzubilden (Abb. 4).

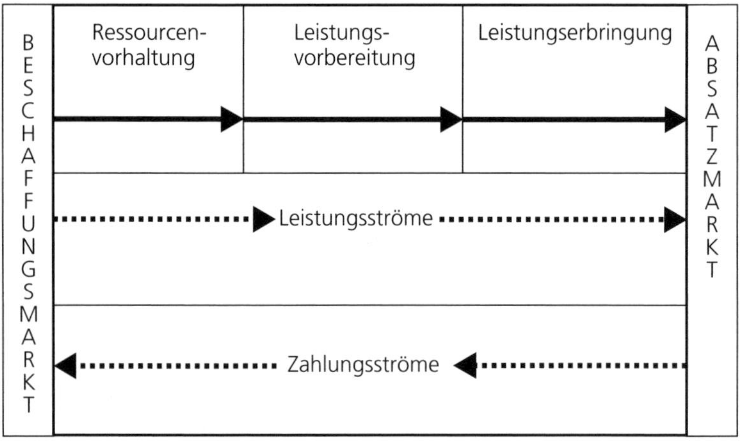


**Abb. 4:** Zahlungs- und Leistungsströme

| | EXTERNES RECHNUNGSWESEN | INTERNES RECHNUNGSWESEN (KOSTENRECHNUNG) |
|---|---|---|
| Orientierung | Information Externer (Staat, Öffentlichkeit) | Information des Managements |
| Grundlage | gesetzlich vorgeschrieben (HGB, AO, Pflegebuchführungsverordnung) | freiwillig, gestaltbar |

**Tab. 1:** Übersicht internes und externes Rechnungswesen

Zu unterscheiden sind das externe Rechnungswesen (Finanzbuchhaltung für Staat und Öffentlichkeit) und das interne Rechnungswesen (Kostenrechnung für das Management). Eine Übersicht über internes und externes Rechnungswesen findet sich in Tabelle 1.

### *2.1.1 Externes Rechnungswesen*

Das externe Rechnungswesen gliedert sich in drei Teilbereiche:

- Buchführung
- Gewinn- und Verlustrechnung
- Bilanz

**Buchführung**
Im Rahmen der Buchführung werden alle laufenden Geschäftsvorfälle erfasst: Wenn die Einkaufsabteilung Mittel beschafft, bucht die Finanzbuchhaltung anhand der Rechnung diesen Geschäftsvorfall. Gleiches gilt zum Beispiel für Lohn- und Gehaltszahlungen oder Rechnungen an den Sozialhilfeträger. Für die Finanzbuchhaltung gilt der Grundsatz „Keine Buchung ohne Beleg“.

**Kontengruppen und -klassen**

Damit das gesamte Rechenwerk in der Buchhaltung übersichtlich bleibt, wird jeder Geschäftsvorfall auf ein Sachkonto gebucht. Die Sachkonten wiederum sind zu Kontengruppen und Kontenklassen zusammengefasst, die beschreiben, um welche Art von Geschäftsvorfällen es sich handelt. Tabelle 2 zeigt, dass in den Kontenklassen 4 und 5 Erträge und in den Kontenklassen 6 und 7 Aufwendungen zusammengefasst werden.

**Gewinn- und Verlustrechnung**
Die Gewinn- und Verlustrechnung (GuV) wird für das gesamte Geschäftsjahr erstellt und weist den Jahresüberschuss oder -fehlbedarf

**Tab. 2:** Beispiel für einen Kontenplan

| | | |
|---|---|---|
| **BETRIEBLICHE ERTRÄGE** | **4** | |
| Erträge aus sozialen Leistungen | | 43 |
| Rückvergütungen/Vergütung Sachb. | | 44 |
| Erträge Hilfs- und Nebenbeträge | | 45 |
| Zuweisungen/Zuschüsse | | 47 |
| **ANDERE ERTRÄGE** | **5** | |
| Sonstige Zinsen | | 51 |
| Sonstige ordentliche Erträge | | 57 |
| Übrige Erträge | | 59 |
| **BETRIEBLICHE AUFWENDUNGEN** | **6** | |
| Löhne und Gehälter | | 60 |
| Gesetzliche Sozialabgaben | | 61 |
| Altersversorgung | | 62 |
| Sonstige Personalaufwendungen | | 64 |
| Lebensmittel/bez. Leistungen | | 65 |
| Medizinischer Bedarf | | 66 |
| Wasser, Energie, Brennstoffe | | 67 |
| Wirtschaftsbedarf | | 68 |
| Verwaltungsbedarf | | 69 |
| **ANDERE AUFWENDUNGEN** | **7** | |
| Instandhaltung | | 72 |
| Steuern, Abgaben, Versicherungen | | 73 |
| Zinsen u. ähnliche Aufwendungen | | 74 |
| Aufwendungen f. die Nutzung von Anlagegütern (Abschreibungen) | | 77 |
| Sonstige ordentliche Aufwendungen | | 78 |
| Übrige Aufwendungen | | 79 |

aus. Sie stellt dar, welche Aufwendungen der soziale Dienst, zum Beispiel für Personal, Sachmittel oder Instandhaltungen, hatte. Zudem wird ausgewiesen, welche Erträge mit stationären Leistungen, ambulanter Versorgung oder Therapie erzielt wurden. Aus der Differenz beider Größen ergibt sich der Gewinn oder Verlust und bildet so das wirtschaftliche Ergebnis eines Geschäftsjahres ab (Tab. 3).

Es muss zwischen dem ordentlichen Ergebnis aus der gewöhnlichen Geschäftstätigkeit und dem außerordentlichen Ergebnis (z. B. besondere Vermögensverluste) unterschieden werden.

| € | IST |
|---|---|
| Erträge aus gewöhnlicher Geschäftstätigkeit | 8.173.040,96 |
| Erträge aus Vermögensverwaltung | 122.796,00 |
| Sonstige Erträge | 168.367,64 |
| Materialaufwand | –907.010,24 |
| Personalaufwand | –6.312.234,30 |
| Abschreibungen | –22.980,04 |
| Abschreibung Finanzanlagen | 0,00 |
| Zinsen | –102.221,72 |
| sonstige Aufwendungen | –965.825,80 |
| Mittelzuweisung an Dritte | 0,00 |
| **ORDENTLICHES ERGEBNIS** | **153.932,50** |
| außerordentliche Erträge | 2.186,60 |
| außerordentliche Aufwendungen | –5.935,12 |
| **AUSSERORDENTLICHES ERGEBNIS** | **–3.748,52** |
| Grundsteuern | –871,56 |
| KfZ-Steuern | –999,68 |
| **EE-STEUERN** | **–1.871,24** |
| sonstige Abgaben | –7.119,60 |
| **SONSTIGE STEUERN** | **–7.119,60** |
| **JAHRESÜBERSCHUSS / -FEHLBETRAG** | **141.193,14** |

**Tab. 3:** Gewinn- und Verlustrechnung

## Bilanz

Die Bilanz bildet das Vermögen und die Schulden der sozialen Einrichtung zu einem bestimmten Stichtag ab. Im Laufe eines Geschäftsjahres werden zahlreiche Geschäftsvorfälle getätigt: Es werden Darlehen getilgt, neue Kredite aufgenommen, technische Geräte und Anlagen beschafft oder verkauft. Mit der Bilanz verschafft sich der Leser zum Ende eines Geschäftsjahres (31.12.) einen Überblick, was dem Sozialunternehmen alles gehört (Vermögen) und von wem es sein Geld erhalten hat (Schulden).

Die Gewinn- und Verlustrechnung bezieht sich auf ein Geschäftsjahr und weist einen Jahresüberschuss oder -fehlbedarf aus. Die Bilanz dagegen bezieht sich auf einen Stichtag. Sie beschreibt das Vermögen und die Schulden eines sozialen Unternehmens:

Das Vermögen wird auch als Aktiva und die Schulden als Passiva bezeichnet. Passiva beschreiben, von wem das Sozialunternehmen Geld erhalten hat (z.B. von Banken). Auf der Passivseite wird die Mittelherkunft abgebildet. Aktiva sind dagegen die Verwendungsfor-

**Tab. 4:** Bilanz eines sozialen Dienstleistungsunternehmens

| **AKTIVA** | | **BILANZ ZUM 31.12.2007 (in Tausend Euro)** | **PASSIVA** |
|---|---|---|---|
| Anlagevermögen | 1.000 | Gezeichnetes Kapital | 1.000 |
| Sachanlagen | 750 | Jahresüberschuss/ | |
| Immaterielle Anlagen | 100 | -fehlbetrag | 100 |
| Finanzanlagen | 150 | = Eigenkapital | 1.100 |
| Umlaufvermögen | 500 | Fremdkapital | 400 |
| Vorräte | 50 | *Rückstellungen* | 50 |
| Forderungen | 300 | Anzahlungen | 50 |
| Wertpapiere | 50 | langfristige Verbindlichkeiten | 200 |
| Zahlungsmittel | 100 | kurzfristige Verbindlichkeiten | 100 |
| Bilanzsumme | 1.500 | Bilanzsumme | 1.500 |

men der überlassenen Mittel. Die Gelder sind in Sachanlagen (Grundstücke, Gebäude oder technische Anlagen) investiert oder werden als Vorräte und Zahlungsmittel vorgehalten (Tab. 4).

Gemeinsam mit der Gewinn- und Verlustrechnung bildet die Bilanz den Jahresabschluss, der in der Regel vom Wirtschaftsprüfer überprüft und testiert wird.

!

Das externe Rechnungswesen gliedert sich in Buchhaltung, Gewinn- und Verlustrechnung und Bilanz:

- Buchhaltung: laufende Buchung der Geschäftsvorfälle auf Konten gemäß Kontenplan
- Gewinn- und Verlustrechung: Übersicht über ordentliche und außerordentliche Aufwendungen und Erträge im Geschäftsjahr: ergibt den Jahresüberschuss oder -fehlbedarf
- Bilanz: Übersicht über Vermögensgegenstände und Schulden zum Ende des Geschäftsjahres

### *2.1.2 Internes Rechnungswesen*

Im internen Rechnungswesen stellt die Kostenrechnung Zahlen, Daten und Fakten für unternehmerische Steuerungsentscheidungen zur Verfügung. Sie recherchiert Vergleichswerte, bereitet Daten für Vergütungsverhandlungen vor und führt entsprechende Wirtschaftlichkeitsanalysen durch.

Das interne Rechnungswesen setzt sich aus zwei Bereichen zusammen: der Kosten- und Leistungsrechnung sowie der Finanzrechnung

| TEILBEREICHE | KOSTEN- UND LEISTUNGSRECHNUNG | FINANZRECHNUNG | |
|---|---|---|---|
| Rechenwerke | Voll- oder Teilkostenrechnung | Liquiditätsrechnung | Investitionsrechnung |
| Bezugsobjekt | Einrichtung/ Abteilung/Periode | Einrichtung/ Periode | Einzelinvestition |
| Rechengröße | Leistung/Kosten | Einzahlung/ Auszahlung | abgezinste Einzahlung/ Auszahlung |
| Saldogröße | Betriebsergebnis (kalkulatorisch) | Zahlungsmittelüberschuss | Kapitalwert |

**Tab. 5:** Kosten- und Leistungsrechnung und Finanzrechnung

(Tab. 5). Diese wiederum gliedert sich weiter in die Themenkomplexe Liquidität und Investition.

### Kosten- und Leistungsrechnung

Die Kosten- und Leistungsrechungsrechnung befasst sich mit der Wirtschaftlichkeit eines Einzelfalles oder des sozialen Dienstleistungsunternehmens insgesamt. Sie ist nicht wie der handelsrechtliche Jahresabschluss unternehmensbezogen, sondern betriebsbezogen.

In allen Fällen wird aus der Differenz von Kosten und Erlösen für eine festgelegte Periode (ein Monat, ein Quartal oder ein Jahr) der jeweilige Gewinn oder Verlust ermittelt.

**Soll-Ist-Abgleich**

Die Kostenrechnung dient zahlreichen Zwecken: Durch die Vorgabe von Planwerten werden mit ihr Ziele für den Ressourcenverbrauch und die zu erreichende Auslastung vorgegeben. Der Soll-Ist-Abgleich ermöglicht eine Überprüfung des Zielerreichungsgrades und eine Abweichungsanalyse.

Mit Hilfe von Kostenrechnungszahlen werden auch Entgelte kalkuliert, Wirtschaftlichkeitsvergleiche angestellt, Preisuntergrenzen ermittelt und Aussagen zur Kostendeckung des Leistungsprogramms getroffen. Die Kostenrechnung liefert Informationen für

- die Ermittlung von Selbstkosten für Gebühren-, Preisfestlegungen oder Wirtschaftlichkeitsvergleiche;
- die Ermittlung des Kostendeckungsgrades;
- die Entscheidung über Beibehaltung oder Veränderung des Leistungsprogramms (z. B. bestimmte Betreuungsangebote);
- die Entscheidung über Selbsterstellung oder Fremdbezug (Reinigungsdienstleistungen);

- die Ermittlung des optimalen Ersatzzeitpunktes für Anlagen oder Maschinen (z. B. Fahrzeuge);
- die Ermittlung der Gebühren- oder Preisuntergrenzen (Ferienmaßnahmen) und
- die Ermittlung des notwendigen Kapazitätsauslastungsgrades (Wohnheimbelegung).

### Finanzrechung

Das Liquiditäts- oder auch Cash-Management steuert alle Zahlungseingänge und -ausgänge der Einrichtung. Im Laufe eines Monats muss das Sozialunternehmen einer Vielzahl von Zahlungsverpflichtungen nachkommen. Es werden Gehälter, Leasingraten, Versicherungsprämien und vieles mehr ausgezahlt oder überwiesen. Zeitgleich gehen Zahlungen der Kostenträger für die geleistete Arbeit ein.

**Liquidität**

Liquidität bedeutet die Fähigkeit, jederzeit den fälligen Zahlungsverpflichtungen nachkommen zu können.

Im Liquiditätsstatus wird dargestellt, an welchem Tag oder in welcher Woche mit welchen Zahlungsein- und -ausgängen zu rechnen ist. Liquide Mittel müssen beispielsweise durch die Auflösung von Festgeldern termingerecht bereitgestellt werden.

!

Mangelnde Liquidität ist eine der häufigsten Konkursursachen. Sie tritt vor allem dann ein, wenn in der Unternehmung keine hinreichende Liquiditätsplanung durchgeführt wird. Eine zu hohe Liquidität dagegen bedingt einen Verzicht auf Zinserträge.

Wer Gelder hortet, nicht oder nur schlecht investiert, der kann zwar alle Zahlungsverpflichtungen erfüllen, verzichtet aber auf die Reinvestition des vorhandenen Vermögens.

Zur Erzielung von Zinserträgen sollten freie Mittel als Tages- oder Termingelder angelegt werden. In Zeiten hoher Außenstände und einer immer schlechter werdenden Zahlungsmoral der Kostenträger wird die Liquiditätssteuerung für Sozialunternehmen immer wichtiger (Abb. 5).

### Investitions- und Finanzierungsrechnung

**Art der Investition**

Investieren ist die Kernfunktion jeden Wirtschaftens. Im allgemeinen Sprachgebrauch wird unter einer Investition eine Geldausgabe verstanden, die in der Erwartung späterer Einnahmen getätigt wird. Meist sind mit einer Investition längerfristige Interessen verbunden. Nach Art der Investition lassen sich unterscheiden:

**Grunddaten**

**Zahlungsverpflichtungen (Höhe, Termin)**
Löhne / Gehälter
Zins und Tilgung
Steuern, Abgaben, Versicherungen
Sachinvestitionen (Anzahlungen Gebäude im Bau etc.)

**Zahlungseingänge (Höhe, Termin)**
Erstattung Kostenträger
Darlehen
Projektmittel

**Steuerungsgrößen**
Rechnungen schneller schreiben, früher mahnen
An- / Teilzahlungen vereinbaren
Kontokorrent nutzen
Anschaffungen zurückstellen

**Abb. 5:** Checkliste Grunddaten und Steuerungsgrößen der Liquiditätssteuerung

- Sachinvestitionen (z. B. Grundstücke, Gebäude, Maschinen, Fuhrpark),
- Finanzinvestitionen (z. B. Wertpapiere, Anleihen, Beteiligungen) sowie
- Investitionen in das immaterielle Vermögen (z. B. Patente, Lizenzen).

Im Rahmen der Investitionsrechnung ist etwa zu ermitteln, ob die Kosten, die durch einen Umbau oder die Erweiterung eines Wohnheims entstehen, durch deren zukünftige Einnahmen gedeckt sind. Dabei erstreckt sich die Berechnung auf die gesamte Nutzungsdauer der Investition, also häufig auf zwanzig oder dreißig Jahre. Aufgrund der erheblichen Schwierigkeiten heute abzuschätzen, wie sich Leistungsnachfrage und Entgeltstruktur in mehreren Jahrzehnten entwickeln werden, sind Investitionsentscheidungen u.a. aufgrund folgender Faktoren mit einer großen Unsicherheit behaftet:

- langfristige Kapitalbindung
- Erhöhung der Fixkosten
- nicht oder nur mäßig gegebene Revidierbarkeit

Im Investitionsbereich eines Sozialunternehmens sind grundsätzlich vier Fragestellungen zu beantworten:

- Kann eine einzelne Investition wirtschaftlich durchgeführt werden (Einzelentscheidung)?
- Welche von zwei oder mehreren sich gegenseitig ausschließenden Investitionen sollte getätigt werden (Auswahlentscheidung)?
- Wie lang ist die optimale Nutzungsdauer eines Investitionsobjekts?
- Wie soll ein Investitionsprogramm aussehen, wenn nur ein fester Kapitalbetrag zur Verfügung steht und wenn zusätzliche Finanzierungen mit steigenden Kapitalkosten verbunden sind (Investitions- und Finanzierungsplanung)?

Die Investitionsrechnung gliedert sich in folgende Schritte:

- Kalkulation der Anfangsinvestition (Erschließungskosten, Baukosten, Ausstattungskosten)
- Kalkulation der jährlichen laufenden Kosten (Personalkosten, Sachkosten, Instandhaltung)
- Kalkulation der Leistungen (Leistungsart, Leistungsmenge)
- Kalkulation der Erlöse (Standarderlöse, Zusatzerlöse)

**positiver Kapitalwert**

Um heutige Zahlungen mit denen in der Zukunft vergleichbar zu machen, wird bei den dynamischen Investitionsrechenverfahren die Zinseszinsrechnung angewandt und der Kapitalwert der Investition ermittelt. Ein positiver Kapitalwert sagt aus, dass sich über den gesamten Investitionszeitraum ein Überschuss erwirtschaften lässt.

**Investitionsentscheidung**

Im Rahmen der Investitionsentscheidung ist zu klären, wie die Investitionssummen finanziert werden können. Aufgrund von schleppenden Genehmigungsverfahren und der kritischen Haushaltssituation der öffentlichen Hand verzichten immer mehr Sozialunternehmen auf eine öffentliche Förderung. Sie setzen Eigenkapital und langfristiges Fremdkapital ein. Die Kapitalkosten sind in der Investitionsrechnung zu berücksichtigen (Abb. 6).

<table>
<tr><td colspan="2">Grundentscheidung Investitionsfinanzierung</td></tr>
<tr><td>Eigenkapital</td><td>Fremdkapital<br>(öffentliche Förderung, Darlehen, Projektmittel, Kontokorrentkredit)</td></tr>
<tr><td colspan="2">Steuerungsgrößen:<br>Zinssatz<br>Laufzeit<br>Tilgung (Höhe, Fälligkeit, Häufigkeit)<br>Nebenkosten</td></tr>
</table>

**Abb. 6:** Grundentscheidung Investitionsfinanzierung

## 2.2 Kostenrechnung

Das Herzstück des internen Rechnungswesens stellt die Kostenrechnung dar. Sie liefert alle Daten, die zur betriebswirtschaftlichen Bewertung einzelner Geschäftsfelder oder Leistungen herangezogen werden. Aufgabe der Kostenrechnung ist die Kostenerfassung und -überwachung sowie die Vor- und Nachkalkulation der Entgelte. Ein einfaches Schaubild hilft, die Gliederung der Kostenrechnung besser zu verstehen (Abb. 7).

Für das Verständnis der Kostenrechnung und deren Teilbereiche ist es wichtig, zunächst den Begriff und die verschiedenen Arten von Kosten unterscheiden zu können.

**Kostenartenrechnung**

Die Kostenartenrechnung dient der Erfassung und Gliederung aller im Laufe der jeweiligen Abrechnungsperiode angefallenen Kostenarten. Sie stellt die Frage: *Welche Kosten sind angefallen?* Die primäre Aufgabe der Kostenartenrechnung besteht darin zu klären, was Kosten sind, diese zu erfassen, eine eindeutige Zuordnung der Kosten auf Kostenstellen und Kostenträger zu ermöglichen und eine Informationsbasis für Entscheidungen zu schaffen.

**Kostenstellenrechnung**

Die Kostenstellenrechnung knüpft an die Vorarbeit der Kostenartenrechnung an und verteilt die in Kostenarten gegliederte Kosten auf die verschiedenen Betriebsbereiche, in denen die Kosten entstanden sind. Die Kostenstellenrechnung stellt also die Frage: *Wo sind die Kosten angefallen?* Die Aufgaben der Kostenstellenrechnung beste-

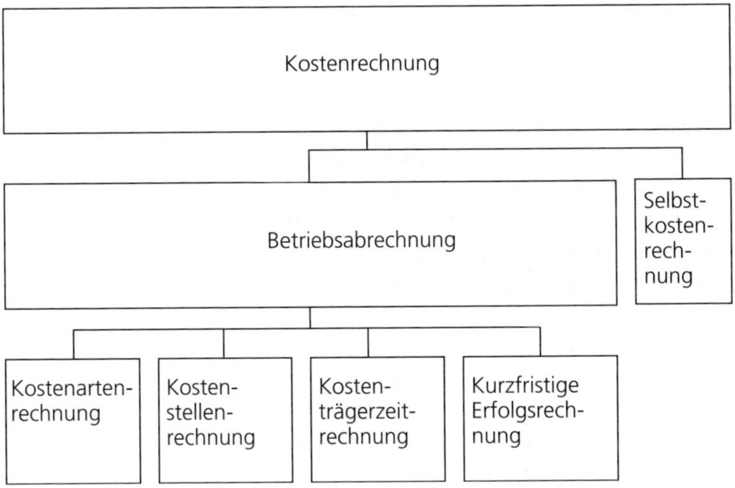


**Abb. 7:** Die Gliederung der Kostenrechnung

hen darin, die Leistungsbeziehungen innerhalb der Unternehmung festzustellen, eine Kostenkontrolle zu ermöglichen und die Genauigkeit der Kalkulation zu erhöhen.

**Kostenträgerrechnung**

Die Kostenträgerrechnung ist der letzte Schritt in der Kostenrechnung. Die Frage, die die Kostenträgerrechnung stellt, lautet: *Wofür* sind Kosten angefallen? Die Kostenträgerrechnung stellt die betrieblichen Leistungen und Güter, welche den Leistungsverzehr ausgelöst haben, mit ihren Kostenträgern in Beziehung. Die Kostenträgerzeitrechnung ist eine Abwandlung der Kostenträgerrechnung in eine Periodenrechnung und ermittelt die nach Leistungsarten gegliederten Kosten in einer gesamten Periode. Die allgemeinen Aufgaben der Kostenträgerrechnung bestehen in der Ermittlung der Herstell- und Selbstkosten der Kostenträger. Die Herstellkosten werden über die Bewertung der Bestände ermittelt. Die Selbstkosten werden über die Durchführung der so genannten kurzfristigen Erfolgsrechnung ermittelt.

!

- Die Kostenartenrechnung stellt die Frage: *Welche Kosten sind angefallen?*
- Die Kostenstellenrechnung stellt die Frage: *Wo sind Kosten angefallen?*
- Die Kostenträgerrechnung stellt die Frage: *Wofür sind Kosten angefallen?*

Genauer werden diese Begrifflichkeiten in den Kapiteln 2.2.4 (Kostenarten), 2.2.5 (Kostenstellen) und 2.2.6 (Kostenträger) erläutert.

## *2.2.1 Arten von Kosten und Erlösen*

**Einzel- und Gemeinkosten**

Kosten sind der in Geld bewertete Werteverzehr, der im Rahmen der betrieblichen Leistungserbringung anfällt. Man unterscheidet zwischen Einzel- und Gemeinkosten. Umgangssprachlich lassen sich Gemeinkosten mit allgemeinen Kosten übersetzen. Sie beziehen sich auf viele Bereiche (Kostenstellen) oder viele Leistungen im Bereich der Betreuung (Kostenträger). Einzelkosten können einer Leistung oder einem Bereich direkt zugeordnet werden (Tab. 6).

Kosten können sich bei Veränderung der Auslastung unterschiedlich verhalten: Manche Kosten steigen, andere bleiben konstant. Daher wird in der Kostenrechnung zwischen auslastungsfixen und auslastungsvariablen Kosten unterschieden.

**fixe Kosten**

Fixe Kosten verändern sich innerhalb bestimmter Auslastungsgrenzen nicht. Somit sind fixe Kosten unabhängig von der Leistungsmenge, beispielsweise der Belegung im Wohnheim. Sie fallen auch dann

**Tab. 6:** Einzel- und Gemeinkosten

| BEZEICHNUNG | ERLÄUTERUNG | BEISPIELE |
|---|---|---|
| **Einzelkosten (direkte Kosten / Erlöse)** | Kosten oder Erlöse, die direkt einem Kostenträger oder einer Kostenstelle zuzuordnen sind | Kosten, die direkt einer Ferienmaßnahme zuzuordnen sind |
| **Gemeinkosten (indirekte Kosten / Erlöse)** | da keine direkte Zuordnung möglich ist, erfolgt diese über Leistungsverrechnung oder Schlüsselung | Regiekosten, Versicherungen, Steuern, lassen sich nur dem Sozialunternehmen insgesamt zuordnen. |

an, wenn keine Leistung erbracht wird. Fixe Kosten sind grundsätzlich Gemeinkosten, umgekehrt müssen Gemeinkosten nicht zwangsläufig fix sein. Fixe Kosten heißen auch Strukturkosten, weil sie durch die bereitgehaltene Struktur (z.B. Gebäude, Personal, technische Anlage) verursacht werden. Fixe Kosten sind etwa Lohn und Gehalt der Mitarbeiter im Gruppendienst.

**variable Kosten**

Variable Kosten ändern sich unmittelbar mit der Auslastung. Sie lassen sich daran identifizieren, dass jeder zusätzliche Bewohner neue Kosten verursacht. Sie heißen auch Produkt- oder Leistungserstellungskosten, weil sie durch die jeweilige Betreuung, Versorgung oder Therapie ausgelöst werden: Variable Kosten sind beispielsweise Überstundenvergütungen der pädagogischen Mitarbeiter.

Weiterhin unterscheidet man den Zeithorizont der Veränderbarkeit von Kosten. Legt man einen langen Zeithorizont zugrunde, werden alle Kosten variabel, denn Mitarbeiter und sonstige Verträge (Leasing, Miete etc.) können unter Einhaltung einer Frist gekündigt werden.

!

Für die Wirtschaftlichkeit ist es wichtig, einen möglichst hohen Anteil an variablen und einen niedrigen Anteil an fixen Kosten aufzuweisen. Dies heißt in der Fachsprache Variabilisierung von Fixkosten. Wenn die Belegung rückläufig ist und dennoch konstante Kosten (Löhne, Mieten etc.) zu zahlen sind, gerät die soziale Einrichtung in eine gefährliche wirtschaftliche Schieflage. Um dies zu vermeiden, muss im Personalbereich eine Variabilisierung von Kosten durch eine auslastungsorientierten Personaleinsatzplanung erfolgen.

Die Zusammenhänge zwischen Einzel- und Gemeinkosten sowie zwischen fixen und variablen Kosten werden im Kostenstruktur-Würfel dargestellt (Abb. 8).

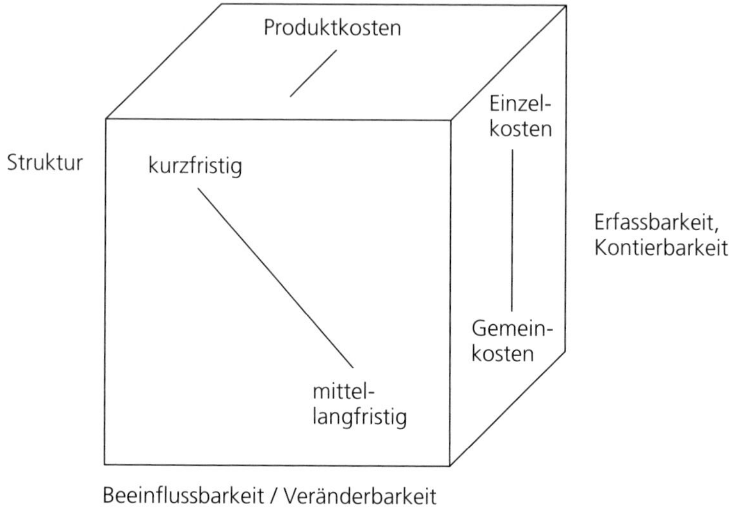


**Abb. 8:** Kostenstruktur-Würfel

!

- Einzelkosten können einem Kostenträger (z. B. Bewohner) oder einer Kostenstelle (z. B. Abteilung) direkt zugeordnet werden.
- Gemeinkosten fallen für mehrere Kostenträger oder Kostenstellen gemeinsam an, weil sie entweder einer bestimmten Dienstleistung oder einem Verantwortungsbereich nicht direkt zugeordnet werden können.
- Fixe Kosten sind unabhängig von der erbrachten Leistungsmenge und fallen auch an, wenn keine Leistung erbracht wurde. Erst wenn eine Änderung der Kapazitäten erfolgt, z. B. die Schaffung zusätzlicher Stellen, verändern sich die Fixkosten.
- Variable Kosten heißen auch Produkt- oder Leistungserstellungskosten, da sie sich unmittelbar mit der Auslastung ändern. Jeder zusätzliche Klient oder jede zusätzliche Leistung führt zu zusätzlichen Kosten.

## *2.2.2 Zwecke der Kostenrechnung*

Der Kostenrechnung werden die Ermittlungs-, die Prognose- sowie die Vorgabe- und Planungsfunktion als Aufgabe zugeschrieben. Des Weiteren zählen zu den Aufgaben der Kostenrechnung die Vor- und Nachkalkulation. Unter die Aufgaben der Ermittlungsfunktion fallen

- die Aufwands- und Ertragsermittlung,
- die Erfolgsermittlung,
- die Prüfung der Wirtschaftlichkeit,

- die Erhebung von Daten für Betriebsvergleiche,
- die Ermittlung der Gebühren- oder Preisuntergrenzen sowie
- die Berechnung der notwendigen Kapazitätsauslastung

Die Ermittlungsfunktion ist zeitlich gesehen die erste Aufgabe der Kostenrechnung. Wenn keine Zahlen, Daten und Fakten vorliegen, ist auch keine Bewertung möglich. Besonders bei geplanten und neuen Leistungsangeboten ist die Datenermittlung unerlässlich. Allerdings gestaltet sich diese aufgrund fehlender Vergangenheitswerte häufig als schwierig.

**Kapazitäts-auslastung**

Die Gestaltung der Betriebspolitik, die Betriebsdisposition und die Planung des Leistungsprogramms (fachliche Spezialisierung) stehen in direktem Zusammenhang mit der Prognose-, Vorgabe- und Planungsfunktion. So muss beispielsweise in einer Werkstatt für behinderte Menschen (WfbM) die Planung einer Lagerhaltung und die Planung der Kapazitätsauslastung (z.B. Aufbau von Überstunden) vorgenommen werden.

Auch auf die Einhaltung von Sollgrößen (z.B. Kosten pro Essen) muss geachtet werden. Im Rahmen der Prognose-, Vorgabe- und Planungsfunktion werden vergangenheitsorientierte Daten analysiert, modifiziert und in die Zukunft vorgeschrieben. Ein Vorgabewert beschreibt das zukünftig zu erreichende Ziel. Es wird mit dem jeweiligen Verantwortlichen vereinbart und im Zielerreichungsgrad gemessen.

**Vor- und Nach-kalkulation**

Im Bereich Instandhaltung und Beschaffung wird die Vor- und Nachkalkulation oft angewandt. Beispielsweise wird der optimale Ersatzzeitpunkt einer Anlage ermittelt. Die Kosten des bereits vorhandenen Fahrzeugs (Nachkalkulation) werden den Kosten eines neuen Fahrzeuges (Vorkalkulation) gegenübergestellt. Wenn die Kosten pro Kilometer des reparaturanfälligen Altfahrzeuges höher sind als die Kosten eines neuen Fahrzeuges, sollte die Neuanschaffung getätigt werden.

Unter die Vor- und Nachkalkulation fallen die Entgeltkalkulation, die Bestimmung der Gewinnspanne und die Ermittlung der innerbetrieblichen Verrechnungspreise.

### *2.2.3 Kostenrechnungssysteme*

Je nach betrieblichem Entscheidungstatbestand sind unterschiedliche Daten, Vorgehensweisen und Analyseinstrumente anzuwenden.

Die verschiedenen Kostenrechnungssysteme können nach den Aspekten „Umfang“ und „Zeit“ unterschieden werden (Abb.9).

Ein Kostenrechnungssystem setzt sich immer aus einer Kombination der Dimensionen Umfang und Zeit zusammen. Daraus ergeben sich zahlreiche Variationsmöglichkeiten, da Ist-, Normal- und Plankostenrechnung jeweils als Voll- oder Teilkostenrechnung ausgeführt werden können (Abb. 10).

**Istkostenrechnung**

Die Istkostenrechnung rechnet mit Ist-Mengen und Ist-Preisen, das heißt es werden die tatsächlich angefallenen Kosten berücksichtigt. Sie findet insbesondere im Soll-Ist-Vergleich Anwendung. Die Abweichung der den Zielwerten gegenübergestellten Ist-Werte gibt Auskunft über den Zielerreichungsgrad. Für Prognosen ist die Istkostenrechnung nur bedingt geeignet. Ihr Nachteil liegt in der Tatsache begründet, dass aufgrund ihrer Vergangenheitsorientierung voraussehbare zukünftige Preis- oder Mengenänderungen nicht berücksichtigt werden. Oft wird aus diesem Grund in der alltäglichen Praxis eher mit Durchschnitts- oder echten Prognosewerten geplant.

**Normalkostenrechnung**

Bei der Normalkostenrechnung wird, wie bei der Istkostenrechnung, mit Vergangenheitswerten gerechnet, die allerdings als Durchschnitt verschiedener Grunddaten gebildet werden. „Normal" leitet sich aus der „Normalisierung von Kosten" ab. Alles Untypische soll

<table>
<tr><td colspan="2"></td><th colspan="3">KOSTENRECHNUNGSSYSTEM</th></tr>
<tr><td rowspan="2">ASPEKT</td><td>Umfang der verrechneten Kosten</td><td>Vollkostenrechnung</td><td colspan="2">Teilkostenrechnung</td></tr>
<tr><td>Zeitbezug</td><td>Istkostenrechnung</td><td>Normalkostenrechnung</td><td>Plankostenrechnung</td></tr>
</table>

**Abb. 9:** Kostenrechnungssysteme nach Umfang und Zeit

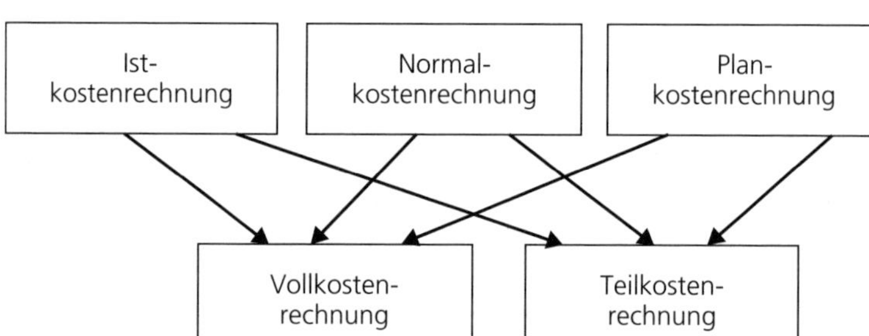


**Abb. 10:** Variationsmöglichkeiten von Kostenrechnungssystemen

bereinigt werden. Der Vorteil der Normalkostenrechnung liegt in einer vereinfachten Kostenermittlung, da mit Durchschnittswerten anfallende Schwankungen geglättet werden. So wird beispielsweise bei der Vorkalkulation neuer Leistungen oder Einrichtungen mit

- durchschnittlichen Personalkosten je Berufsgruppe,
- durchschnittlichem Energieverbrauch je qm und
- durchschnittlichen Verwaltungskosten je Mitarbeiter gerechnet.

**Plankostenrechnung**

Die Plankostenrechnung basiert auf geplanten Mengen und geplanten Preisen. Durch eine Prognose in die Zukunft werden absehbare Veränderungen vorweggenommen. Durch den Vergleich der Plan- mit den Sollkosten wird eine Kostenkontrolle möglich. Bei der Plankostenrechnung werden sowohl zukünftige Preisschwankungen als auch Mengenveränderungen prognostiziert: Die Erhöhung der Gehälter durch einen neuen Tarifvertrag wird ebenso berücksichtigt wie die zukünftige Stellenbesetzung in einzelnen Bereichen.

**Teil- und Vollkostenrechnung**

Eine Vollkostenrechnung verrechnet sämtliche Kosten auf die Kostenträger. Alle Gemeinkosten werden nach einem entsprechenden Schlüssel verteilt. Im Rechnungswesen des Sozialunternehmens existiert sowohl eine Teil- als auch eine Vollkostenrechnung.

Die Teilkostenrechnung sagt aus, ob eine bestimmte Einrichtung in der Lage ist, die dort entstehenden Kosten zu erwirtschaften. Erwirtschaftet sie einen Überschuss, so trägt sie damit zur Deckung der Gesamtstrukturkosten (Gebäude, Verwaltung, etc.) bei.

Die Vollkostenrechnung weist ein Ergebnis nach Umlage aus und beantwortet die Frage, ob die Einrichtung in der Lage ist, ihren Anteil an den Kosten der Gesamtstruktur zu erwirtschaften.

### *2.2.4 Kostenarten*

Eine Kostenart ist der Inbegriff aller Kosten, die sich durch mindestens ein Merkmal von allen anderen Kosten des Betriebes unterscheiden. Kostenarten entstehen durch den Verbrauch von Gütern und Leistungen. Um eine Einteilung von Kostenarten vornehmen zu können gibt es drei Kriterien. Ein Gliederungskriterium ist die Art der verbrauchten Produktionsfaktoren, das zweite Kriterium gliedert nach den betrieblichen Funktionen und das dritte nach der Art der Verrechnung (Abb. 11).

Es ist einseitig, wenn nur die entstehenden Kosten betrachtet werden und die Leistungen des Sozialunternehmens außer Acht gelassen werden. Zur Beurteilung und Analyse einzelner Bereiche sind Leis-

**Abb. 11:** Beispiele Kostenarten

tungen und die damit zusammenhängenden Erlöse unverzichtbar. Aus diesem Grund spricht man von der Kosten- und Leistungsrechnung.

!

Unter Kosten versteht man im betriebswirtschaftlichen Sinne den Wert der Ressourcen, die zur Leistungserstellung verbraucht werden. Leistungen bezeichnen das in Geld bewertete Ergebnis der betrieblichen Leistungserstellung, also die Betreuung und Versorgung.

Unterschieden werden diverse Erlösarten, die sich sowohl aus direkt erbrachten Leistungen als auch aus anderen Quellen (z. B. Forschungsmittel) ergeben können (Abb. 12).

Es wurde bereits aufgezeigt, dass die Kostenartenrechnung die erste Stufe eines aufeinander aufbauenden Systems ist.

Sämtliche Geschäftsvorfälle müssen im Rahmen der Kostenartenrechnung eindeutig zugeordnet werden. Die zweite Aufgabe der Kostenartenrechnung besteht darin, dass sie die Kostenstellen- sowie Kostenträgerrechnung mit den erfassten Kosten beliefert. Die Einzelkosten fließen hier direkt in die Kostenträgerrechnung und die Gemeinkosten fließen zunächst in die Kostenstellenrechnung (Abb. 13).

### *2.2.5 Kostenstellen*

Die Kostenstellen bilden den Verantwortungsbereich ab, in dem die Kosten entstehen. Die Einteilung erfolgt nach betrieblichen Funktionsbereichen, beispielsweise Hauswirtschaft und Verwaltung. Der Verwaltungsleiter ist etwa für die Kosten der Verwaltung und der pädagogische Leiter für die Kosten seines Wohnbereiches zuständig.

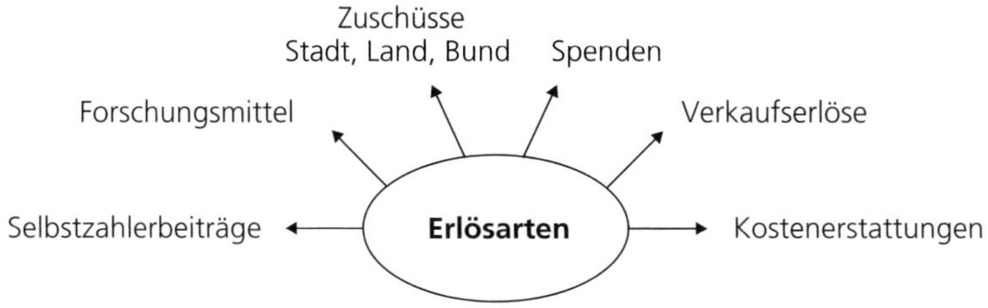


**Abb. 12:** Erlösarten

**Hilfs- und Hauptkostenstellen**

Da nicht alle Verantwortungsbereiche direkte Leistungen für den Klienten erbringen, unterscheidet man zwischen Hilfskostenstellen und Hauptkostenstellen. Zu den Hauptkostenstellen zählen alle Verantwortungsbereiche, die ihre Leistung an den Klienten abgeben. Zu den Hilfskostenstellen zählen alle Zulieferer. Über ein Umlageverfahren werden die Kosten der Hilfskostenstellen gemäß der jeweiligen Inanspruchnahme auf die Hauptkostenstellen verteilt (Tab. 7).

Es wurde bereits erwähnt, dass die Kostenstellenrechnung die Funktion der kostenstellenbezogenen Kontrolle der Wirtschaftlichkeit hat. Hier können angefallene Kosten pro Organisationsbereich überwacht und kontrolliert werden. Weiterhin erfolgt auf der Basis der Kostenstellenrechnung die Budgetierung. Jeder Kostenstellenverantwortliche

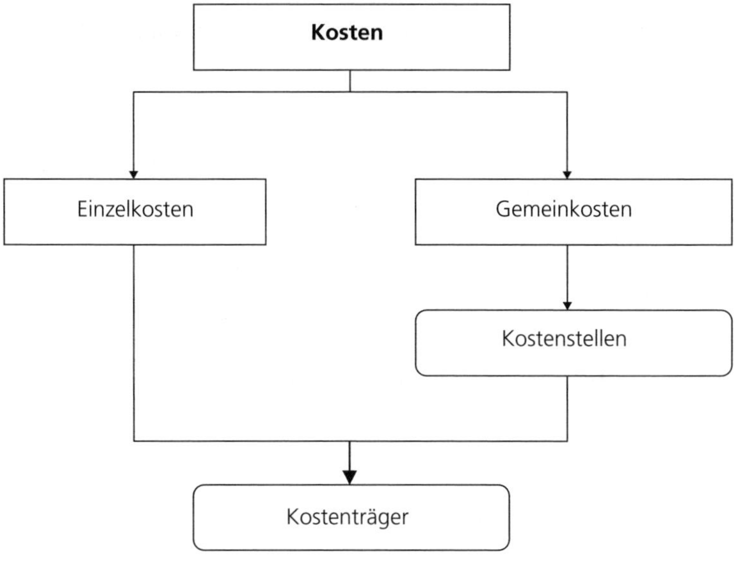


**Abb. 13:** Systematisierung der Kosten

**Tab. 7:** Hilfs- und Hauptkostenstellen

| BEZEICHNUNG | ERLÄUTERUNG | BEISPIELE |
|---|---|---|
| Hilfskostenstellen (Vorkostenstellen) | Kostenstellen, die ihre Leistungen an andere Kostenstellen abgeben | Küche, Verwaltung |
| Hauptkostenstellen (Endkostenstellen) | Kostenstellen, die ihre Leistungen an den Klienten abgeben | Wohnbereiche |

erhält für das kommende Geschäftsjahr ein Budget, in dem der zu erreichende Ressourcenverbrauch geplant ist. Weiterhin dient die Kostenstellenrechnung als Vorbereitung für die Kalkulation von Leistungen.

In der Kostenstellenrechnung werden Kostenarten verrechnet, die der sozialen Dienstleistung nicht unmittelbar zugerechnet werden können und über Zuschlags- und Verrechnungssätze zu schlüsseln sind. Für jede Kostenstelle wird eine Maß- oder Bezugsgröße der Kostenverursachung definiert.

### *2.2.6 Kostenträger*

Aufgabe der Kostenträgerrechnung ist es, die anfallenden Kosten auf die Dienstleistungen zu verteilen. Im höchsten Differenzierungsgrad ist der Kostenträger der einzelne Klient. Für ihn erhält das Sozialunternehmen einen Erlös, und durch ihn werden die Kosten der Betreuung und Versorgung verursacht.

Die Kostenträgerrechnung unterscheidet zwischen einer Zeit-Betrachtung und einer Stück-Betrachtung. Bei der Zeitraumbetrachtung werden die gesamten Kosten innerhalb eines Wohnbereiches im Zeitraum eines Monats betrachtet.

**Tab. 8:** Kostenträgerzeit- und Kostenträgerstückrechnung

| KOSTENTRÄGERZEITRECHNUNG | KOSTENTRÄGER-STÜCKRECHNUNG |
|---|---|
| Den Kostenträgerkosten einer Periode werden die Leistungswerte (Erlöse) der Kostenträger gegenübergestellt. | Den Kostenträgerkosten pro Stück werden die Leistungswerte (Erlöse) pro Stück gegenübergestellt. |
| Kosten und Erlöse eines Wohnbereiches insgesamt | Kosten und Erlöse eines Klienten |

In der Kostenträgerstückrechnung geht es um die durchschnittlichen Kosten pro Klient. Die Gesamtkosten werden durch die Klientenzahl geteilt (Tab. 8).

!

- In der Kostenartenrechnung werden die einzelnen Kostenarten erfasst und zusammengefasst.
- Die Kostenstellenrechnung hat die Funktion der kostenstellenbezogenen Kontrolle der Wirtschaftlichkeit. Angefallene Kosten können pro Organisationsbereich überwacht und kontrolliert werden. Es werden Kostenarten über Zuschlags- und Verrechnungssätze geschlüsselt, die den Kostenträgern nicht direkt zugerechnet werden können.
- Die Kostenträgerrechnung verteilt die anfallenden Kosten auf die Leistungsempfänger. Es wird zwischen einer „Zeit-" und einer „Stück-Betrachtung" unterschieden. In der Kostenträgerzeitrechnung werden die gesamten Kosten pro Klient oder Fallgruppe betrachtet.

## 2.3 Zusammenhang der Kostenrechnungssysteme

Einen Überblick über die einzelnen Teilbereiche der Kostenrechnung liefert Tabelle 9. Alle Angaben werden in der Buchhaltung erfasst und stehen für weitere Auswertungen zu Verfügung.

Am Monatsende, wenn die gesamten Daten ausgewertet werden, erfolgt die Kontrolle von Kostenarten und Kostenstellen. Damit in der Kostenträgerrechnung die genauen Ist-Kosten je Fall und Periode ermittelt werden können, erfolgt die Verrechnung der Kostenstellen auf die Kostenträger (Tab. 10).

In der Kostenträgererfolgsrechnung wird dann für die einzelnen Leistungsbereiche das betriebswirtschaftliche Ergebnis ausgewiesen (Abb. 14).

**Tab. 9:** Übersicht Kostenrechnungssysteme

| **KOSTENARTEN-RECHNUNG**<br><br>Welche Kosten fallen an? | **KOSTENSTELLEN-RECHNUNG**<br><br>Wo fallen Kosten an? | **KOSTENTRÄGER-RECHNUNG**<br><br>Für was fallen Kosten an? |
|---|---|---|
| • Materialkosten<br>• Personalkosten<br>• Kapitalkosten | • Kosten der Pflege<br>• Kosten der Verwaltung | • Fallgruppe x<br>• Klient y |

**Tab. 10:** Zusammenspiel der Kostenrechnungssysteme

| KOSTENARTEN-RECHNUNG | KOSTENSTELLEN-RECHNUNG | KOSTENTRÄGER-RECHNUNG |
|---|---|---|
| • Erfassung der Kosten | • Verrechnung der Kosten, die den Kostenträgern nicht zugeordnet werden können | • Kostenträgerstückrechnung (Kalkulation) |
| • Gruppierung der Kosten | • Kontrolle der Kostenstellen | • Kostenträgerzeitrechnung |
| Bildet die Grundlage für die Kostenstellenrechnung ⇨ | Bindeglied zur Kostenträgerrechnung ⇨ | ⇗ |

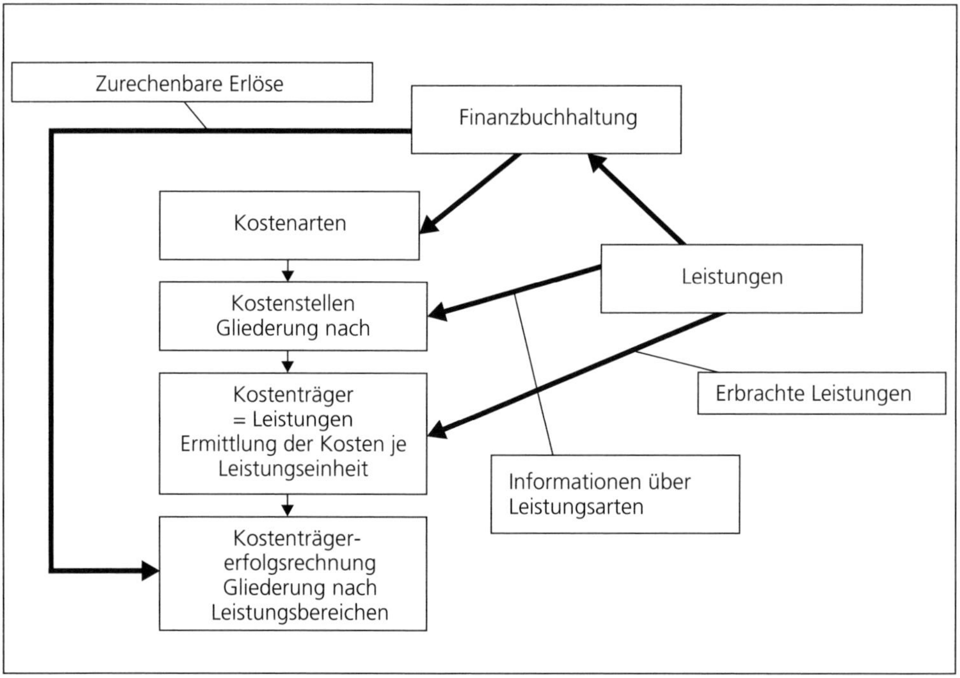


**Abb. 14:** Kostenträgererfolgsrechnung

## 2.4 Umlageverfahren

Zur Verteilung der Kosten der Hilfskostenstellen auf die Hauptkostenstellen werden Umlageverfahren angewandt. Die Umlagerechnung erfolgt in tabellarischer Form im Betriebsabrechnungsbogen. Als Verteilungsmaßstab werden entweder die direkten Kosten oder sonstige Verteilungsschlüssel angewandt. So können zum Beispiel die Kosten der Hilfskostenstelle Gebäude nach der Nutzfläche in qm berechnet werden (Tab. 11).

Gerade bei Komplexträgern finden meist mehrstufige Umlageverfahren ihren Einsatz (Abb. 15).

In der Abbildung 16 werden die Kosten des Trägers auf die Bereiche Gesundheitswirtschaft, Altenhilfe, Eingliederungshilfe und Jugendhilfe verteilt. Im zweiten Schritt werden die Kosten der Behindertenhilfe (z. B. das Gehalt der Geschäftsbereichsleitung) auf die in einzelne Wohnheime und ambulanten Dienste verteilt.

**Betriebsabrechnungsbogen**

Der Betriebsabrechnungsbogen (BAB) ist eine Tabelle, in der zeilenweise die Kostenarten und spaltenweise die Kostenstellen auf-

**Bereiche des Umlageverfahrens**

| | |
|---|---|
| **Ebene 1** | Träger |
| **Ebene 2** | Behindertenhilfe |
| **Ebene 3** | Wohnheime |

**Abb. 15:** Bereiche des Umlageverfahrens

**Tab. 11:** Umlageverfahren

| KOSTENSTELLE / KOSTENART | ZAHLEN DER FIBU | HILFSKOSTENSTELLE GEBÄUDE | HAUPTKOSTENSTELLEN | | |
|---|---|---|---|---|---|
| | | | WOHNBEREICH I | WOHNBEREICH II | WOHNBEREICH III |
| Energie | 500,- | 500,- | | | |
| Abschreibungen | 2000,- | 1000,- | 200,- | 300,- | 500,- |
| Gehälter | 2500,- | | 1000,- | 1000,- | 1000,- |
| | | 1500,- | 1200,- | 1300,- | 1500,- |
| | | | 500,- | 500,- | 500,- |
| **Summe Σ** | | | **2900,-** | **3100,-** | **3500,-** |

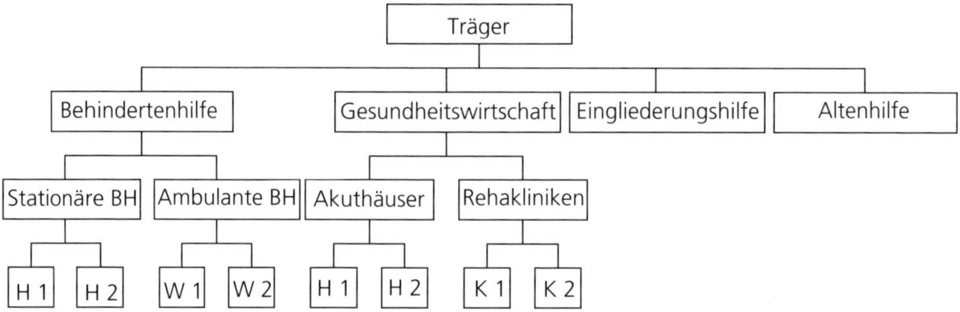


**Abb. 16:** Umlageverfahren Verteilung der Kosten

geführt sind. Die Funktion des BAB ist die Verteilung der primären Gemeinkosten auf die Kostenstellen nach dem Verursachungsprinzip. Über den BAB werden grundsätzlich nur Gemeinkosten verrechnet, da die Einzelkosten direkt zurechenbar sind.

Der BAB übernimmt die Durchführung der innerbetrieblichen Leistungsverrechnung, die Bildung von Kalkulationssätzen und die Kontrolle der Kosten bzw. ihre Vorbereitung.

### *2.4.1 Prinzipien der Umlage*

**Kostenverursachungsprinzip**

Die Umlage kann grundsätzlich nach dem Kostenverursachungs- und dem Tragfähigkeits- oder Solidaritätsprinzip erfolgen. Um eine adäquate Abbildung des betrieblichen Leistungsgeschehens zu gewährleisten, ist die Anwendung des Kostenverursachungsprinzips eine sinnvolle Variante.

Hier wird diejenige Größe als Schlüssel gewählt, die den Leistungsverzehr am besten abbildet. So könnten zum Beispiel die Kosten der internen Fortbildungen anhand der in den Leistungsbereichen nachgefragten Fortbildungsstunden oder die Kosten der Personalabteilung anhand der abgerechneten Personalfälle verteilt werden. Oft werden als Schlüsselungsgrößen auch die direkten Kosten der Leistungsbereiche gewählt.

### *2.4.2 Umlageschlüssel*

Bei der Wahl der Umlageschlüssel ist der Aufwand bei der Erhebung und Pflege der Schlüssel gegen das Ziel der möglichst präzisen Kos-

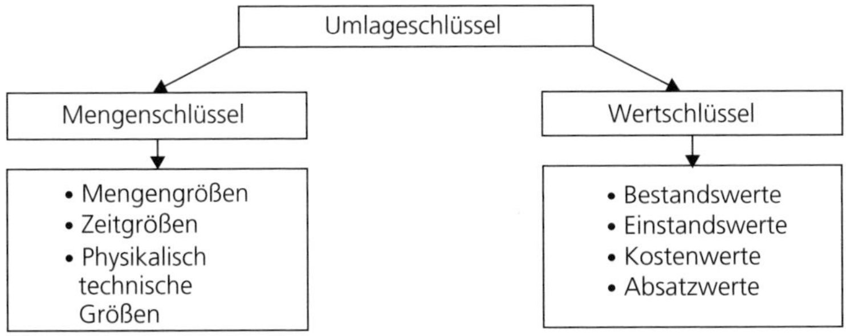


**Abb. 17:** Umlageschlüssel

tenzurechnung abzuwägen. Grundsätzlich kommen Mengen- und Wertschlüssel in Frage (Abb. 17).

Die Umlageschlüssel legen eine Proportionalität zwischen Schlüsselgrößen und dem Kostenverbrauch zugrunde. Somit erfolgt durch die Messung der Schlüsselgrößen eine direkte Messung der Kosten. Wertschlüssel können Kostengrößen, wie beispielsweise Löhne, Gehälter oder Einzelmaterialkosten sein. Mengenschlüssel können die Anzahl von Arbeitsverrichtungen, verbrauchte Mengen, Schichtzahlen oder Kalenderzeiten sein.

Die Kostenarten der Hilfskostenstellen lassen sich einzeln und insgesamt umlegen. So ist es möglich, für die Sachkosten der Küche einen anderen Schlüssel zu wählen als für die Personalkosten. Je differenzierter das System der verwandten Schlüssel umso komplexer und undurchsichtiger gestaltet es sich. Ein besonderes Augenmerk sollte auch auf die durch Umlagen entstehende Kultur der Zusammenarbeit gelegt werden. So ist zu prüfen, ob die Zusammenarbeit zwischen einzelnen Organisationseinheiten gefördert wird, wenn beispielsweise die Umlagen für Verwaltung das Budget der operativen Bereiche (z. B. Heime) überproportional belasten.

Conenberg (2003): Kostenrechnung und Kostenanalyse

Graumann (2008): Kostenrechnung und Kostenmanagement

Pracht (2002): Betriebswirtschaftslehre für das Sozialwesen – Eine Einführung in betriebswirtschaftliches Denken im Sozial- und Gesundheitsbereich

# 3 Controlling

## 3.1 Begriffliche Grundlagen

Controlling wird häufig mit „Lenken“, „Steuern“ oder „Regeln“ von Prozessen umschrieben. Das Controlling soll die Führung des Unternehmens bei der Wahrnehmung ihrer strategiebildenden, planenden, steuernden, koordinierenden und kontrollierenden Angelegenheiten beraten und unterstützen. Unter Controlling werden alle Aktivitäten zusammengefasst, die der laufenden Sammlung und Aufbereitung von Informationen zum Zwecke der Steuerung eines Unternehmens dienen.

Aufgaben des Controllings sind gegenwärtig:

- die steuerungsorientierte Gestaltung und Auswertung des Rechnungswesens (externes Rechnungswesen, Kostenrechnung, betriebliche Statistik);
- die Steuerung des Finanzwesens (Finanz- und Liquiditätsplanung, Investitionsplanung, Kapitalbeschaffung, Wirtschaftlichkeitsrechnungen);
- Planung und Kontrolle (Implementierung und Koordination von Systemen der Planungs- und Kontrollrechnung, Budgetierung und Budgetkontrolle, Durchführung von Soll-Ist-Vergleichen und Abweichungsanalysen);
- die Gestaltung des Informationswesens (Entwicklung und Implementierung von Managementinformationssystemen, Sicherstellung der Informationsversorgung, Informationsanalysen);
- Beratung, Datengewinnung und Entscheidungsvorbereitung sowie Entwurf, Vorschlag und Bewertung von Problemlösungsalternativen für die Geschäftsführung.

Die lange Tradition der Selbstkostendeckung hat sicher dazu beigetragen, dass Controlling-Instrumente erst sehr zögerlich in sozialen Unternehmen eingeführt und umgesetzt werden. In der Praxis bedeutet dies, dass für die Entscheidungen des Managements häufig nicht genügend gesicherte Informationen zur Verfügung stehen. Die Annahme, dass Controlling im Wesentlichen mit Kontrolle, insbesondere mit Fremdkontrolle, zu tun hat, ist ein weit verbreiteter Irrtum.

Die Funktion des Controllings liegt in der Unterstützung des Managements bei der Ausübung seiner betrieblichen Führungsaufgaben. Eine weitere wesentliche Aufgabe des Controllings ist es, die Denkweise des wirtschaftlichen Handelns in alle betrieblichen Teilbereiche zu vermitteln.

Das Controlling gliedert sich in drei Teilsysteme: Planungssystem, Kontrollsystem und Informationssystem.

**Planungssystem**

Im Planungssystem werden für zukünftige Perioden Sollgrößen festgelegt, beispielsweise Sollgrößen für Erlöse, Kosten oder Auslastungsgrade.

**Kontrollsystem**

Mittels des Kontrollsystems wird ein monatlicher, quartalsweise oder jährlicher Soll-Ist-Abgleich durchgeführt, um kritische Abweichungen zu ermitteln.

**Informationssystem**

Aufgabe des Informationssystems ist es, den jeweiligen Entscheidungsträgern die erforderlichen Informationen zur Verfügung zu stellen. Die Daten liegen vielfach in Kennzahlen vor, die einen Vergleich verschiedener Bereiche untereinander ermöglichen (z.B. der Kostendeckungsgrad oder der Auslastungsgrad einer Einrichtung).

Controlling ist

- eine Unternehmensphilosophie. Deren Grundsatz ist es, dass die Nutzung und der Verbrauch aller betrieblichen Ressourcen sinnvoll geplant, gesteuert und überwacht wird.
- ein kennzahlenorientiertes Instrument der Planung, Steuerung und Überwachung, das alle betrieblichen Einheiten berücksichtigt.
- die betriebswirtschaftliche Unterstützung der Entscheidungsträger zur Abschätzung von Chancen und Risiken aller laufenden Planungen und Handlungen.

## 3.2 Strategisches und operatives Controlling

Controlling besitzt einen operativen und einen strategischen Fokus. Das strategische Controlling dient der Effizienzsteigerung der strategischen Planung und damit der Sicherung der vorhandenen und Erschließung neuer Erfolgspotenziale.

Das strategische Controlling ist langfristig orientiert und betrifft die Unternehmung als Ganzes. Im Mittelpunkt steht die langfristige Existenzsicherung des Unternehmens. Hierzu ist die Kenntnis der Markt-, Konkurrenz- und Kundenverhältnisse unabdingbar.

Die Informationsversorgung erstreckt sich auch auf nicht finanzielle Informationen und deren Früherkennung. Bei Fragen des strategischen Controllings geht es immer um die Positionierung einer Organisation in ihrer Umwelt. Strategisches Controlling hat die Aufgabe, Chancen und Risiken, die sich durch die Veränderung der Unternehmensumwelt ergeben, vorherzusehen und in die eigene Unternehmensplanung und -steuerung mit einzubeziehen.

Das strategische Controlling befasst sich mit dem Planungshorizont der nächsten fünf bis zehn Jahre. Es ermittelt Erfolgspotenziale und trägt dazu bei, dass bestehende Erfolgspotenziale gesichert und neue aufgebaut werden. Im strategischen Controlling erfolgt eine Auseinandersetzung mit Themen wie Persönliches Budget oder Sozialraumbudget, der Sozialraumorientierung oder der Ambulantisierung. Mit Analysen und Prognosen bereitet das Controlling zum Beispiel Entscheidungen über Investitionen in neue Geschäftsfelder vor, die die Einrichtung über Jahre binden werden (Abb. 18).

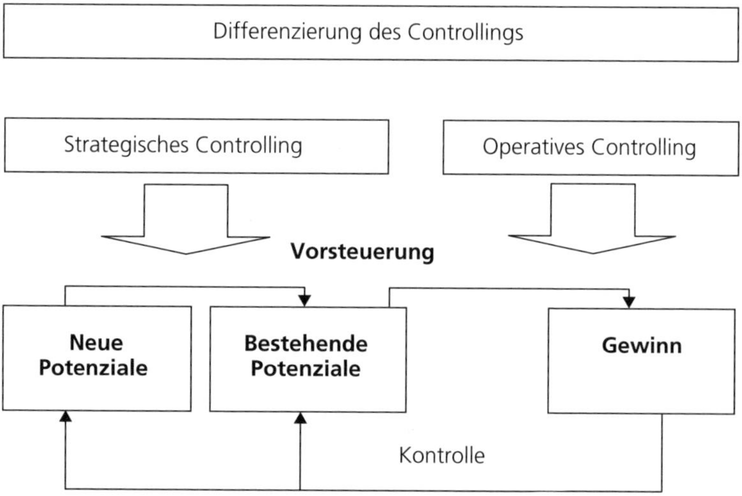


**strategisch:** Erkennen und Schaffen neuer Potenziale sowie Erhaltung und Pflege vorhandener Potenziale zum Zweck der dauerhaften Sicherung der Existenzberechtigung
**operativ:** effiziente Nutzung vorhandener Potenziale zum Zwecke der optimalen Gewinnerzielung und zur Sicherung des aktuellen Erfolges

**Abb. 18:** Differenzierung des Controllings

!

Das strategische Controlling dient der Effizienzsteigerung der strategischen Planung und damit der Sicherung vorhandener und der Erschließung neuer Erfolgspotenziale. Es ermöglicht der Unternehmung das frühzeitige Erkennen aller Chancen und Risiken, die zur dauerhaften Sicherung der Existenz relevant sind. Das strategische Controlling umfasst die gesamte Organisation und unterstützt die Strategienbildung der Geschäftsführung.

Vonseiten des strategischen Controllings werden die verbindlichen Vorgaben für das operative Controlling gesetzt, welches die kurzfristige (unterjährige) Zielrealisierung und Zielerreichungskontrolle gewährleisten soll.

Das operative Controlling beinhaltet die kurzfristige Planung, Steuerung und Kontrolle mit dem Ziel, Korrekturen bei Abweichungen vom Kurs des Unternehmens zu ermöglichen. Es erfüllt somit kurz- und mittelfristige Steuerungsfunktionen auf Basis der gegebenen strategischen Planungsergebnisse. Der Planungshorizont beträgt

**Tab. 12:** Strategisches und operatives Controlling

| ABGRENZUNGS-MERKMALE | STRATEGISCHES CONTROLLING | OPERATIVES CONTROLLING |
|---|---|---|
| **Führungsform** | langfristige Existenzsicherung der Unternehmung | Erfolgserzielung, Rentabilitätsstreben, Liquiditätssicherung, Produktivität |
| **Controlling-Zielsetzung** | Sicherstellung einer systematischen, zielorientierten Schaffung und Erhaltung künftiger Potenziale | Sicherstellung der Wirtschaftlichkeit der betrieblichen Prozesse |
| **Zentrale Führungsgrößen** | erfolgspotenzial (z. B. Marktanteil) | Erfolg, Liquidität |
| **Ausrichtung** | Unternehmung und Umwelt (Aufbau neuer Umweltbeziehungen) | Unternehmung (unter Berücksichtigung bestehender Umweltbeziehungen) |
| **Dimensionen** | Stärken/Schwächen Chancen/Risiken | Kosten/Leistungen; Aufwand/Ertrag; Aus-/Einzahlungen Vermögen/Kapital |
| **Informationsquellen** | primär Umwelt | primär internes Rechnungswesen |

dabei meist ein Jahr, maximal zwei Jahre. Das operative Controlling beschäftigt sich im Wesentlichen mit der Erstellung von Plänen für das kommende Geschäftsjahr und führt dazu Kontrollen und Abweichungsanalysen durch.

Im Unterschied zum strategischen Controlling verfolgt das operative Controlling das Ziel, mit den vorhandenen Potenzialen gut zu wirtschaften. Es ist unterjährig angelegt und in seinen Teilsystemen werden Kosten und Erlöse, der Personalbestand und die Auslastung geplant und überwacht. Herzstück des operativen Controllings ist das Rechnungswesen, insbesondere die Kostenrechnung mit der Kostenarten-, Kostenstellen- und Kostenträgerrechnung. Strategische und operative Planung schließen sich nicht aus, sondern ergänzen einander (Tab. 12).

Das operative Controlling konzentriert sich auf die kurzfristige Planung. Es unterliegt einer fortlaufenden Datenanpassung in Form einer rollierenden Planung.

## 3.3 Berichtswesen

Das Berichtswesen ist der zentrale Bestandteil des Informationssystems im Controlling. Die Controllingabteilung muss Folgendes ermitteln:

- Welchen Informationsbedarf gibt es im Unternehmen?
- Aus welchen Systemen lassen sich die Informationen beschaffen und verdichten?
- Wie und von wem werden die Daten bewertet?
- Was sind die Wertmaßstäbe?
- Wie werden die Daten kommuniziert?

Einen Überblick über die Aufgaben des Berichtswesens gibt Abbildung 19.

**operativ und strategisch**

Auch im Berichtswesen lässt sich wieder zwischen operativen und strategischen Bereichen unterscheiden.

Das operative Berichtswesen weist eine große Nähe zur Kostenrechnung und zum Budgetierungssystem auf, das strategische Berichtswesen ist dagegen eng mit dem Frühwarnsystem verknüpft.

Um ein für die Berichtsempfänger nachvollziehbares Informationssystem zu entwickeln, hat das Controlling Standards für das Berichtswesen festzulegen. Danach sollte ein Bericht folgende Angaben enthalten:

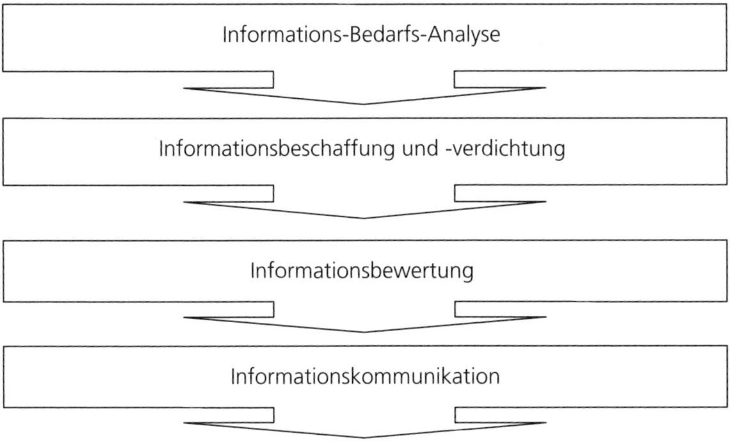


**Abb. 19:** Aufgaben des Berichtswesens

- Berichtsdatum bzw. Druckdatum
- Name des Erstellers
- Name des Empfängers
- Ist- und Sollwerte (für den aktuellen Monat)
- Ist- und Sollwerte (kumuliert für das gesamte Geschäftsjahr)
- absolute und relative Abweichung
- Vergleich mit den Vorjahreswerten
- grafische Aufbereitungen
- Analysen und Kommentare

Die Kernfragen, die beim Aufbau eines Berichtswesens zu beachten sind, werden in Tabelle 13 dargestellt.

**Tab. 13:** Kernfragen beim Aufbau eines Berichtswesens

| **WELCHER BERICHT?** | **IN WELCHER FORM?** | **ZU WELCHEM ZWECK?** | **VON WELCHEM ERSTELLER?** | **FÜR WELCHE ADRESSATEN?** | **ZU WELCHEM ZEITPUNKT?** |
|---|---|---|---|---|---|
| Soll-Ist-Abgleich | Papier | Steuerung des Betriebsergebnisses | Controlling | Geschäftsleitung | Monatsbericht |
| Entwicklungsbericht der Monate | elektronisch | Steuerung der Erlöse | Rechnungswesen | pädagogische Leitung | Quartalsbericht |
| Mehrjahresvergleich | | Steuerung der Leistungen | | Leitung Offene Hilfen | Jahresbericht |
| | | Steuerung der Personalkosten | | Verwaltungsleitung | |

**Standards**

Außerdem sind bestimmte Standards bei der Erstellung eines Berichtswesens einzuhalten:

- einheitliches Erscheinungsbild
- einheitliche Terminologie, Layout und Berichtsaufbau
- Visualisierung aller wesentlichen Aussagen
- Trends werden hervorgehoben
- Vergleichswerte werden erläutert
- die Informationsgewinnung wird dargestellt
- die Berichte werden am betriebswirtschaftlichen Know-how des Empfängers ausgerichtet

Für das Berichtswesen ist von entscheidender Bedeutung, dass die Berichte zeitnah zu Verfügung gestellt werden. In der Regel sollen diese spätestens zwischen dem 15. und 20. des Folgemonats für den Vormonat vorliegen.
In vielen Sozialunternehmen werden die Berichte mittlerweile in elektronischer Form übermittelt, entweder als pdf-Dokument oder mit einem Direktzugriff auf den gemeinsamen Datenpool.

Alle wesentlichen Angaben sollten auf Anhieb erkenn- und verstehbar sein. Zudem sollte sich das Berichtswesen auf die für die Steuerung relevanten Daten beschränken. Überdies ist für die Akzeptanz von Bedeutung, dass die verwendeten Daten nachvollziehbar und nachprüfbar sind. Ist- und Solldaten können direkt aus der Finanzbuchhaltung, der Kosten- und Leistungsrechnung sowie der Personal- und Leistungsstatistik abgeleitet werden.

!

Das Berichtswesen verfolgt folgende Zwecke:
- Kommunikation von Ereignissen
- Auslösen von Vorgängen
- Kontrolle und Steuerung
- Entscheidungsvorbereitung

In vielen sozialen Unternehmen haben sich mittlerweile Kostenstellenberichte etabliert. Empfänger der Kostenstellenberichte sind die Kostenstellenverantwortlichen. Gegenstand des Berichtes sind die Entwicklungen der Ist- und Solldaten der Kostenstelle.

Über das Berichtswesen werden mit Kostenstellenverantwortlichen die Budgetunter- und -überschreitungen kommuniziert. Alle Berichte werden mit dem jeweiligen Vorgesetzten monatlich besprochen und ausgewertet. Es ist sinnvoll, dass der Berichtsempfänger zu einer schriftlichen Dateninterpretation verpflichtet wird. Hierdurch kann sichergestellt werden, dass sich die Kostenstellenverantwortlichen intensiv mit Abweichungen von Sollwerten auseinandersetzen. Insbesondere bei kritischen Abweichungen muss der Kostenstellenverantwortliche die eingeleiteten Gegensteuerungsmaßnahmen in einer schriftlichen Berichtserläuterung darlegen.

Die Daten müssen im Berichtswesen empfängerorientiert, anschaulich und verständlich ausgewiesen werden. Es ist sinnvoll, dass jeder Berichtsempfänger die Daten aus den Kostenstellenberichten schriftlich erläutert.

### *3.3.1 Standardberichte*

Das Standardberichtswesen umfasst die Informationen, die die Berichtsempfänger regelhaft monatlich, quartalsweise, halbjährlich oder jährlich übermittelt bekommen.

Im gemeinsamen Gespräch zwischen Controlling und Empfänger werden in regelmäßigen Abständen (z.B. alle zwei Jahre) folgende Fragen zum Standardberichtswesen beantwortet:

- Wer ist der Adressat?
- Über welches Know-how verfügt er?
- Welchen Informationsbedarf hat er?
- Welche Zahlen soll der Bericht beinhalten?
- Was sind die maßgeblichen Vergleichswerte?
- Welche Daten sollen grafisch visualisiert werden?
- In welchen Abständen wird der Bericht benötigt?

Das Standardberichtswesen umfasst die Informationen, die die Berichtsempfänger regelhaft monatlich, quartalsweise, halbjährlich oder jährlich übermittelt bekommen.

Aufgabe des Controllings ist die Entwicklung eines nutzerorientierten Standardberichtswesens. Für die rechtzeitige Lieferung des Standardberichts steht das Controlling in einer Bringschuld (Tab. 14). Falls die vereinbarten Berichte nicht beim Berichtsempfänger eintreffen, so ist

**Tab. 14:** Beispiel für einen Standardbericht

| | | **WOHNHEIM MÖWENPICK** | | **VERGLEICHS-WERTE BIS 120 PLÄTZE** |
|---|---|---|---|---|
| Nr. | Kto.-Text | Ist 2007 | pro Tag | je Tag |
| | Aufwendungen | | | |
| | Personalkosten | | | |
| | Leitung | 86.179,27 € | 1,97 € | 1,79 € |
| | Pflege- und Betreuungsdienst | 1.610.819,01 € | 36,78 € | 36,91 € |
| | Hauswirtschaft/Küche | 487.380,24 € | 11,13 € | 9,62 € |
| | Verwaltung | 113.208,21 € | 2,58 € | 1,81 € |
| | Technischer Dienst | 47.354,60 € | 1,08 € | 1,27 € |
| | Sonstige Dienste | 88.169,49 € | 2,01 € | 0,00 € |
| | Sonstige Personalaufwendungen | 112.190,10 € | 2,56 € | 2,53 € |
| | Insgesamt | 2.545.300,92 € | 58,11 € | 53,93 € |
| | Anteil der PK an den Gesamtkosten | 67,73 % | 67,73 % | 67,79 % |
| | Sachkosten | | 0,00 € | |
| | Lebensmittel | 226.243,36 € | 5,17 € | 3,94 € |
| | Wasser, Energie, Brennstoffe | 84.016,86 € | 1,92 € | 2,35 € |
| | Wirtsch.- u. Verwaltungsbedarf/sonst. Bed. | 380.278,46 € | 8,68 € | 7,81 € |
| | Weitere Aufwendungen | | | |
| | Verbrauchsgüter | 87.456,84 € | 2,00 € | 0,96 € |
| | Steuern, Abgaben, Versicherungen | 18.566,74 € | 0,42 € | 0,69 € |
| | Zinsen/Abschreibung/Miete/ Instandhaltung | 413.001,49 € | 9,43 € | 9,88 € |
| | Außerordentliche Aufwendungen | 3.041,34 € | 0,07 € | |
| | Insgesamt | 1.212.605,09 € | 27,68 € | 25,63 € |
| | Aufwendungen gesamt | 3.757.906,01 € | 85,79 € | 79,57 € |

der Kostenstellenverantwortliche zum Nachfassen verpflichtet (Holschuld des Berichtsempfängers).

### *3.3.2 Abweichungsberichte*

Falls in bestimmten Analysebereichen signifikante Unter- oder Überschreitungen zutage treten, so steht das Controlling in der Pflicht über ein Abweichungsberichtswesen einen Abweichungsbericht zu erstellen. Darin werden kritische Sachverhalte explizit erläutert und analysiert (Abb. 20).

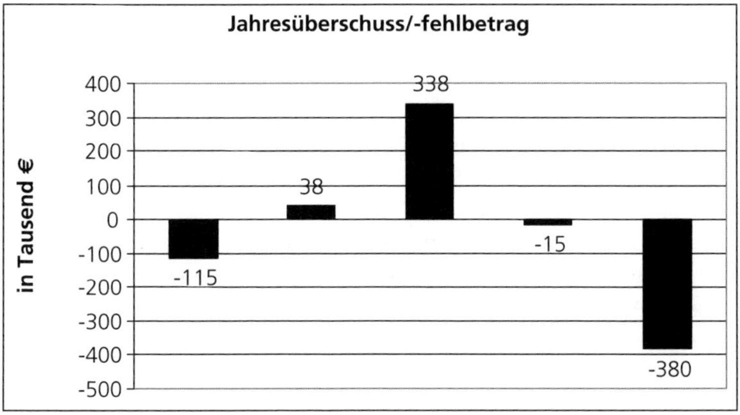


**Abb. 20:** Beispiel für ein Abweichungsberichtswesen

Abweichungsberichte werden erstellt, um das Management mit wichtigen Informationen zu versorgen, wenn das aktuelle Geschehen von den Vorgaben abweicht. Ein Abweichungsbericht soll die Aufmerksamkeit des Managements gezielt auf auftretende Abweichungen lenken.

!

Im Gegensatz zu Standardberichten werden Abweichungsberichte nur erstellt, wenn zu gewissen Zeitpunkten gravierende Veränderungen auftreten.

### *3.3.3 Bedarfsberichte*

Falls sich aus der jeweiligen Entscheidungssituation des Berichtsempfängers ein konkreter Informationsbedarf entwickelt, so hat der Empfänger das Recht, beim Controlling die benötigten Daten anzufordern. Das Controlling ist verpflichtet, zeitnah qualifizierte Zahlen, Daten und Fakten zur Verfügung zu stellen, was über das Bedarfsberichtswesen geschieht.

!

Bedarfsberichte befriedigen einmalige Informationsbedürfnisse, wenn Standard- oder Abweichungsberichte nicht ausreichen.

## 3.4 Kennzahlen

Kennzahlen sind Zahlen, die sich auf bestimmte betriebliche Sachverhalte beziehen und eine besondere Aussagekraft beinhalten. Kennzahlen werden für die Planungs-, Steuerungs- und Überwachungstätigkeiten genutzt.

**Planung, Steuerung, Überwachung**

In sozialen Organisationen ist die durchgehende Einbettung von Kennzahlen in die Managementaufgaben der Führungskräfte noch nicht realisiert, in vielen Organisationen wird gegenwärtig damit begonnen. Ansatzweise werden die Kennzahlen der Bilanz und der Gewinn- und Verlustrechnung sowie der Liquiditätssteuerung genutzt. Prospektive Kennzahlen zur Abbildung der quantitativen Leistungserbringung werden selten eingesetzt. Die Nutzung qualitativer Kennzahlen in der Pflege, Betreuung und Pädagogik steht in vielen sozialen Organisationen noch am Anfang.

!

Kennzahlen sollen in präziser und komprimierter Form über die Situation einer Organisation oder eines Unternehmensteils und deren Prozesse informieren. Die regelmäßige Ermittlung, Auswertung und Analyse von Kennzahlen, mit deren Hilfe die Entwicklung des betrieblichen Leistungsgeschehens zeitnah abgebildet werden kann, ist ein unverzichtbares Instrument der erfolgreichen Führung eines Sozialunternehmens.

**gleiche Ziele**

Kennzahlen können keinen umfassenden Controllingprozess und auch kein Qualitätsmanagement ersetzen. Vielmehr stellen sie die gemeinsame Sprache aller am Management einer Organisation beteiligten Führungskräfte und Mitarbeiter dar. So wie die englische Sprache international einen hohen Grad an Verständigung garantiert, so können Kennzahlen sicherstellen, dass alle Beteiligten an den gleichen Zielen arbeiten und sich über den Zielerreichungsgrad und die jeweiligen Aufgaben in diesem Prozess verständigen können.

Die Herausforderung besteht darin, Kennzahlen zu erarbeiten, die alle Beteiligten „verstehen“ können. Unter „verstehen“ ist hier gemeint, dass die mit den Kennzahlen in komprimierter Form dargestell-

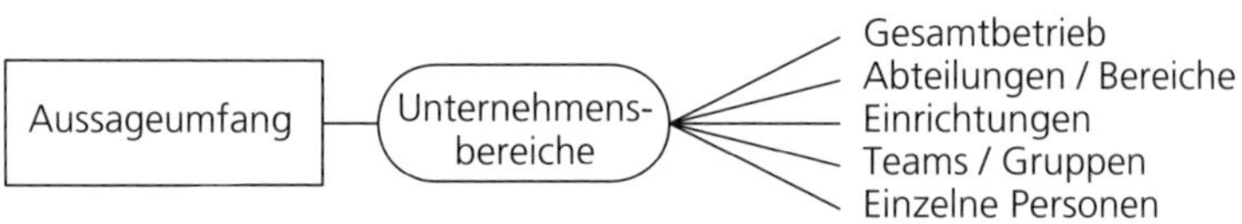


**Abb. 21:** Kennzahlen: Aussageumfang

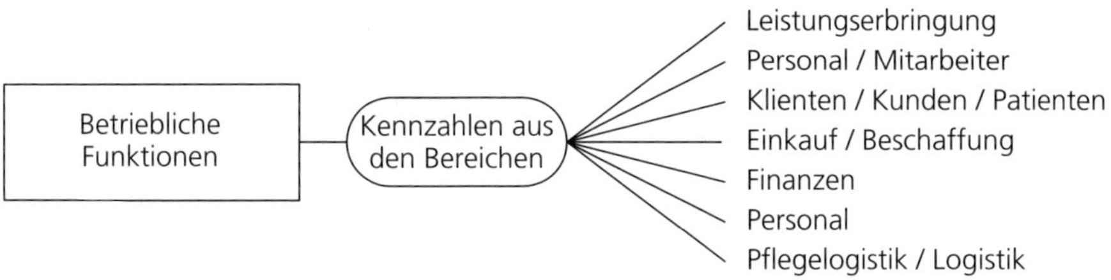


**Abb. 22:** Kennzahlen: Betriebliche Funktionen

ten Entwicklungen und Sachverhalte das jeweilige Verantwortungsgebiet des Kennzahlenempfängers betreffen. Ansonsten entsteht der berühmte „Kennzahlenmüll".

Ähnlich wie bei der Kostenstellenrechnung lassen sich Kennzahlen auf verschiedene Organisationsbereiche beziehen (Abb. 21): auf das Sozialunternehmen insgesamt (z.B. durchschnittliche Personalkosten Betreuung), einen Bereich (z.B. durchschnittliche Betreuungszeit pro Klient) oder die Verwaltung (z.B. Verwaltungskostenanteil pro Fall):

Hinsichtlich der betrieblichen Funktionen kann zwischen

- Leistungskennzahlen (z. B. durchschnittliche Verweildauer),
- Personalkennzahlen (z. B. durchschnittliche Betriebszugehörigkeit),
- Kundenkennzahlen (z. B. Reklamationsquote) und
- Finanzkennzahlen (z. B. Kostendeckungsgrad) unterschieden werden (Abb. 22).

Als Quellen kommen die Finanzbuchhaltung und die Kostenrechnung ebenso in Frage wie die Dokumentation der inhaltlichen Arbeit und das Qualitätsmanagement (Abb. 23).

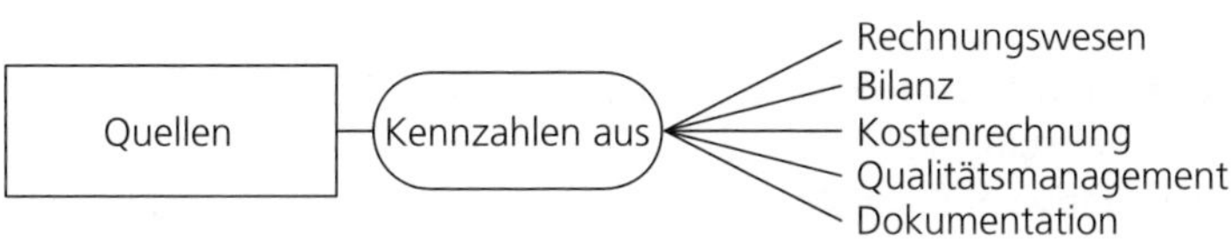


**Abb. 23:** Kennzahlen: Quellen

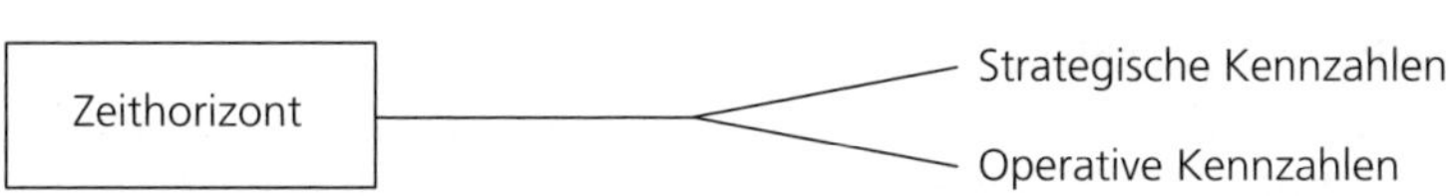


**Abb. 24:** Kennzahlen: Zeithorizont

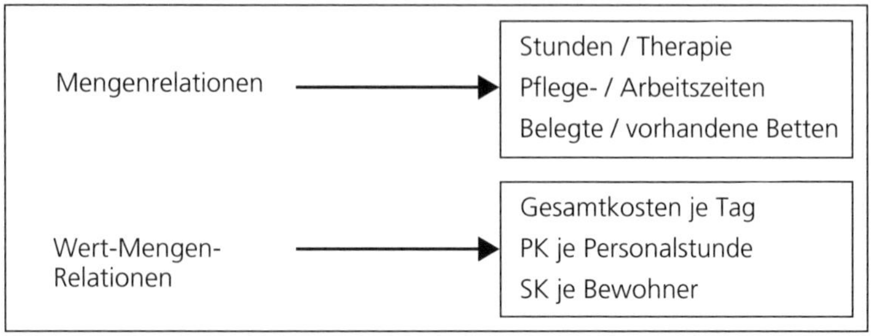


**Abb. 25:** Kennzahlen: Wert- und Mengengrößen

Kennzahlen lassen sich für die unterjährige Steuerung (z.B. mittlere Verweildauer) ebenso wie für strategische Fragestellungen (z.B. Neuzuweiserquote) ermitteln.

**absolute und relative Zahlen**

Hinsichtlich der statistischen und methodischen Aufbereitung unterscheidet man zwischen absoluten und relativen Zahlen. Absolute Zahlen sind beispielsweise:

- Anzahl der Neuaufnahmen am Tag
- Anzahl der Klienten im Jahr (Summen)
- freie Stellen (Differenz von Stellenplanung und Stellenbesetzung)
- durchschnittliche Belegung in Tagen (Mittelwerte)

Bei relativen Zahlen werden zwei Größen (Wertgrößen und/oder Mengengrößen; Abb. 25) ins Verhältnis gesetzt:

- Anteil der Personalkosten an den Gesamtkosten
- Personalkosten dividiert durch Gesamtkosten
- Personalkosten pro Tag
- Personalkosten dividiert durch Belegungstage
- Anwesenheitsquote
- Anwesenheitszeit dividiert durch Arbeitszeit

**quantitative und qualitative Kennzahlen**

Im Controlling wird zwischen quantitativen und qualitativen Kennzahlen unterschieden.

Quantitative Kennzahlen (z.B. Kostendeckungsgrade, Ertragsquoten, etc.) werden zur Messung eines formalen Sachverhaltes eingesetzt. Die Daten lassen sich vergleichsweise einfach und automatisiert aus dem Rechnungswesen der Leistungsabrechung oder dem Informationssystem ableiten.

Im Bereich der qualitativen Kennzahlen ist die Messung deutlich schwieriger. Werte über Kunden- oder Mitarbeiterzufriedenheit liegen nicht per se vor, sondern müssen in Befragungen erhoben werden. Oft liegen zwischen den Messzeitpunkten (z.B. Mitarbeiterbefragung) mehrere Jahre, sodass man zwischenzeitlich mit Hilfsindikatoren arbeiten muss.

!

Kennzahlen sind aus geplanten Werten oder Ist-Daten ableitbare Informationen des Sozialunternehmens. Sie dienen als Maßstab, um Ursachen und Wirkungen von Vorgängen in kausalen Zusammenhängen darzustellen. Betrachtet werden absolute oder relative Werte, wobei die Kennzahl die mathematische Beschreibung der Ermittlung der Werte ist. Ein guter Mix aus absoluten und relativen Kennzahlen sichert ein hohes Maß an Transparenz der Organisation sowie ihrer Prozesse.

### *3.4.1 Kennzahlensysteme*

Ein Kennzahlensystem wird definiert als eine Zusammenstellung verschiedener Einzelkennzahlen in einer sinnvollen Beziehung zueinander, die sich gegenseitig erklären und ergänzen. Insgesamt wird durch ein solches Kennzahlensystem die Aussagefähigkeit sowie die Transparenz der dargestellten Entwicklungen einer Organisation gegenüber einzelnen Kennzahlen deutlich gesteigert.

In Kennzahlensystemen können Einzelinformationen aus verschiedenen DV-Systemen nach einem einheitlichen Konzept zusammengefasst werden. Hierbei ist von Bedeutung, dass die Kennzahl beschrieben und der Ermittlungsweg nachvollziehbar gemacht wird (Abb.26).

In der Praxis zeigt sich immer wieder, dass selbst bekannte und gebräuchliche Kennzahlen unterschiedlich berechnet werden, sodass ein Vergleich der Ergebnisse oft schwer möglich ist.

| | |
|---|---|
| **Kennzahl** | Personalkostenquote |
| **Bereich und Kategorie** | Personal |
| **Beschreibung und Aussage** | Anteil der Personalkosten an den Gesamtkosten |
| **Steuerungsdimensionen** | Personaleinsatz |
| **Korresp. Kennzahl** | Fachkraftquote |
| **Ermittlungsweg / Formel** | Personalkosten dividiert durch Gesamtkosten |
| **Lief. d. Daten von** | Rechnungswesen |
| **Ermittlungszeitraum / -zeitpunkt** | monatlich |
| **Bewertungszeitraum / -zeitpunkt** | monatlich |

**Abb. 26:** Beschreibung von Kennzahlen

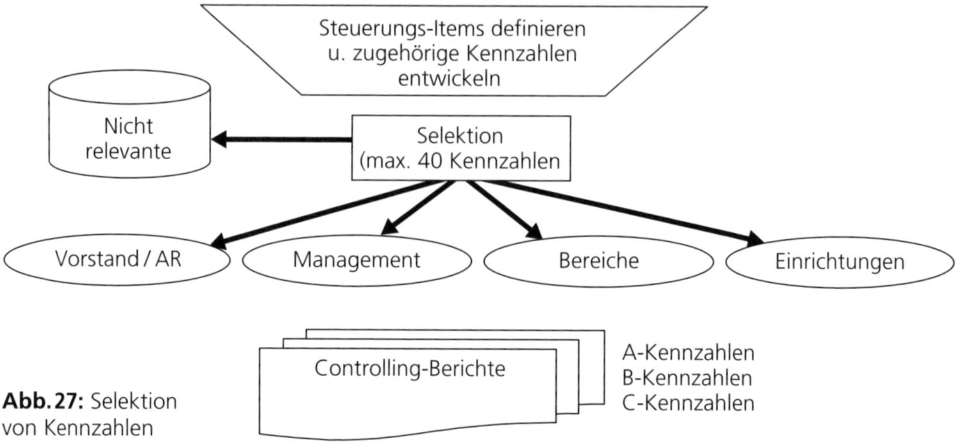


**Abb. 27:** Selektion von Kennzahlen

Es wurde bereits darauf hingewiesen, dass die Aufgabe nicht darin liegt, mit methodischer Raffinesse und großem Aufwand Kennzahlen in beeindruckender Menge zu entwickeln, um damit einen Datenfriedhof zu gestalten. Eine gute Unternehmenssteuerung zeichnet sich durch wenige, dafür aber sehr aussagekräftige und auf die jeweilige Organisation bzw. ihre Teilbereiche angepasste Kennzahlen aus.

Die besondere Kunst besteht darin, fachliche und betriebswirtschaftliche Aspekte im Kennzahlensystem zu integrieren. So werden aus der Fülle von mehreren tausend Daten die wesentlichen Kennzahlen (max. 40 pro Bereich) herausgefiltert (Abb. 27).

### *3.4.2 Finanzwirtschaftliche Kennzahlen*

Die im finanzwirtschaftlichen Sektor eingesetzten Kennzahlen werden überwiegend in der Kostenrechnung ermittelt. Sie verfolgen das Ziel, die vorhandenen Effizienzreserven auszuschöpfen, um die Wirtschaftlichkeit zu verbessern.

Die wesentlichen im Finanzbereich zu steuernden Dimensionen sind:

- Wirtschaftlichkeit bzw. Rentabilität der Bereiche
- Zahlungsfähigkeit (Liquidität)
- Abschreibungen und Investitionen
- Eigen- und Fremdkapital (Finanzierung)

| ZIELE | KENNZAHLEN |
|---|---|
| Budgeteinhaltung | • Budgetausnutzung in %<br>• Monatsergebnis<br>• Belegungsquote |
| Erhalt und Ausbau des Vermögens | • Investitionsquote<br>• Deckungsgrad investiver Kosten |
| Jederzeitige Zahlungsfähigkeit | • Liquiditätsgrad<br>• Ergebnisbeitrag Liquidität |
| Finanzielle Konsolidierung | • Jahresergebnis<br>• Kostenreduktion in % |
| Senkung nicht refinanzierter Personalkosten | • Personalkosten-Quote<br>• Deckungsgrad PK/Leistungen |

**Tab. 15:** Zuordnung finanzwirtschaftlicher Kennzahlen

Zur Wirtschaftlichkeitssteuerung werden beispielsweise folgende Kostenquoten ermittelt:

- Personalkostenquote
- Abschreibungsquote
- Sachkostenquote
- Raumkostenquote
- Verbrauchsmaterialquote

Bei einer Kostenquote werden die jeweiligen Kosten (Personal, Abschreibung, Sachkosten) ins Verhältnis zu den Gesamtkosten gesetzt. Über den Vergleich mit anderen Sozialunternehmen kann ermittelt werden, ob im Personal- oder Abschreibungsbereich mehr oder weniger finanzielle Ressourcen verbraucht werden (Betriebsvergleiche).

Zur Gewährleistung der notwendigen Übersichtlichkeit sind die finanzwirtschaftlichen Kennzahlen den entsprechenden Zielen zugeordnet (Tab. 15):

### *3.4.3 Personalwirtschaftliche Kennzahlen*

Das Personalcontrolling sollte mittels quantitativer und qualitativer Kennzahlen erfolgen.

Im quantitativen Bereich werden insbesondere die Personalbedarfsdeckung, der Überstunden- und Aushilfskräfteanteil sowie die Personalkosten gesteuert. Im qualitativen Bereich ist es das Qualifikationsniveau, die Mitarbeiterzufriedenheit sowie die Fluktuation (Abb. 28).

**quantitativ**

- Personalkosten-deckungsgrad /-anteil
- Umsatz je Mitarbeiter
- Anteil produktiver Zeiten
- Fluktuationsrate
- Krankheitsquote
- Überstundenquote

**qualitativ**

- Mitarbeiterzufrieden-heitsindizes
- Personalentwicklungsindizes
- Führungsquote

**Abb. 28:** Qualitativer und quantitativer Bereich der Personalwirtschaft

**Tab. 16:** Kennzahlen Personalwirtschaft

| ZIELE | KENNZAHLEN |
|---|---|
| Mitarbeiterzufriedenheit | • Fluktuation intern/extern<br>• Mitarbeitergewinnung über MA<br>• Krankheitsbedingte Fehlzeiten < 3 Tage, > xy Tage<br>• Bewerberzahl (Initiativbewerbungen) |
| Mitarbeitermotivation | • Realisierte Verbesserungs-vorschläge<br>• Interne Beschwerden |
| Stetige Kompetenzerweiterung | • MA-Anteil in Projektarbeiten<br>• Teilnehmer an Fortbildungen |
| Identifikation mit der Organisation | • Teilnahme an Veranstaltungen<br>• Empfehlungen der MA ggü. Neukunden |

**Tab. 17:** Kennzahlen Qualitätsmanagement

| ZIELE | KENNZAHLEN |
|---|---|
| Kundenzufriedenheit | • Kundenzufriedenheitsindex<br>• Beschwerdezahl<br>• Fehlerquote Abrechnungen |
| Hohe Pflegequalität | • Anzahl Dekubitus<br>• Beschwerden der Kunden |
| Sehr gutes Image der Einrichtung in der Öffentlichkeit | • Zuweiserstruktur<br>• Zuweisungsentwicklung<br>• Neukunden über Empfehlungen |
| Kunden sind aktiv | • Aktivitätsindex<br>• Teilnehmer/Veranstaltung |
| Hohe betreuerische Qualität | • Anzahl umgesetzter Hilfepläne |

Im personalwirtschaftlichen Bereich wird der Zielerreichungsgrad z.B. mit folgenden Kennzahlen gemessen (Tab. 16).

### 3.4.4 Kunden- und Leistungskennzahlen

Für die Kunden- und Leistungsdimension ist in vielen Sozialunternehmen das Qualitätsmanagement zuständig. Auch im Qualitätsmanagement gibt es eine Vielzahl von Kennzahlen. Zur Messung von Kundenzufriedenheit werden häufig Beschwerdemanagementsysteme eingeführt.

Der Zielerreichungsgrad kann u.a. mit folgenden Kennzahlen gemessen werden (Tab. 17).

### 3.4.5 Prozesskennzahlen

Auch die Erhebung der Prozesskennzahlen erfolgt über das Qualitätsmanagement. Im Rahmen der Einführung von QM-Systemen haben viele Sozialunternehmen eine Prozesslandkarte entwickelt und die wesentlichen Leistungserstellungs-, Führungs- und Unterstützungsprozesse beschrieben. Auch hier ist eine enge Verzahnung mit dem Beschwerdemanagement anzustreben.

Im Rahmen des QM-Systems kann in den Geschäftsprozessen der Zielerreichungsgrad mit folgenden Kennzahlen gemessen werden (Tab. 18).

**Messindikatoren**

In den vier wesentlichen Dimensionen Finanzen, Personal, Kunden und Prozesse sind Messindikatoren zu definieren:

**Finanzwirtschaftliche Kennzahlen**: Die benötigten Daten stellt das Rechnungswesen bereit. Gesteuert wird beispielsweise die Einhaltung

**Tab. 18:** Kennzahlen Qualitätsmanagement: Zielerreichungsgrad

| ZIELE | KENNZAHLEN |
|---|---|
| Schnelle Reaktion | • Reaktionszeit auf Anfragen<br>• Dauer einer Beschwerdebearbeitung<br>• Wartezeiten der Kunden |
| Reduzierung nicht kundenbezogener Zeiten | • Leerzeitenquote<br>• Zeit pro Klient (in Min. pro Tag) |
| Prozessoptimierung | • Anzahl interner Beschwerden<br>• Anzahl Kundenbeschwerden<br>• Zahl der realisierten Verbesserungsvorschläge p. a. |
| Pünktlichkeit | • Anzahl der Verspätungen<br>• Beschwerden |

des Budgets, die Sicherung des Vermögens, die Zahlungsfähigkeit des Unternehmens oder die wirtschaftliche Konsolidierung eines Bereiches. Als Kennzahlen kommen Kostendeckungsgrade, Rentabilitäten oder Liquiditätsgrade zum Einsatz.

**Personalwirtschaftliche Kennzahlen:** Die Personalabrechnung liefert die notwendigen Grunddaten, ergänzende Werte werden in Mitarbeiterbefragungen erhoben. Wesentliche Steuerungsgrößen bilden die Stellenbesetzung und die Personalkosten (Personalkostenquoten, Überstundenquote) sowie die Qualifikation und Motivation der Mitarbeiter (Mitarbeiterzufriedenheitsindizes, Fortbildungsquote).

**Kunden- und Leistungskennzahlen:** Für Kunden- und Leistungsgeschehen sind Controlling und Qualitätsmanagement zuständig. Leistungsmenge und Leistungsqualität werden ebenso gemessen wie etwa die Kundenzufriedenheit oder die Zuweiserentwicklung.

**Prozesskennzahlen:** Die Messung der Prozesse kann im Rahmen des Qualitätsmanagements erfolgen. Dort sind für alle Kern-, Führungs- und Unterstützungsprozesse Messpunkte und Messverfahren beschrieben und geregelt (Leerzeiten, Wartezeiten, Reaktionszeiten, Fehlerquoten etc.).

Inhaltliche und betriebswirtschaftliche Ziele einer Organisation können mit Kennzahlen messbar gemacht werden. Oftmals scheitert die Einführung von Kennzahlen in sozialen Organisationen an der mangelnden Verbindlichkeit und unzureichenden Interpretation im Rahmen der Kennzahlenanalyse.

## 3.5 Planung

### *3.5.1 Planungsbereiche*

Planung und Budgetierung sind von zentraler Bedeutung für den effizienten Ressourceneinsatz in der Sozialwirtschaft. Ohne Planung und Budgetierung ist keine finanzielle Steuerung möglich, weil das zu erreichende Ziel, der vorgegebene Sollwert als Beurteilungsmaßstab für die Bewertung der Ist-Größen, fehlt.

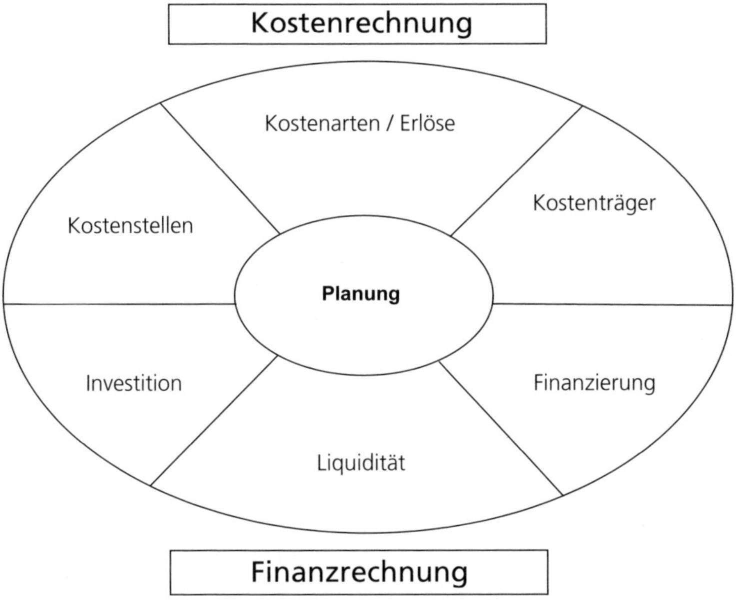


**Abb. 29:** Planungsbereiche

In der finanziellen Dimension sind zwei Hauptbereiche zu planen: die Kostenrechnung und die Finanzrechung.

Die Kosten- und Leistungsplanung erfolgt für alle Kostenarten bzw. Erlöse, Kostenstellen und Kostenträger. Hier wirken eine Vielzahl von Beteiligten mit: Finanzbuchhaltung und Controlling, pädagogischer und therapeutischer Bereich, Personalwesen sowie alle sonstigen Kostenstellenverantwortlichen.

Die Planungen im Bereich der Finanzrechung werden im Wesentlichen innerhalb des Rechnungswesens abgewickelt. Sie beziehen sich auf die Themen Investition, Finanzierung und Liquidität (Abb. 29).

### 3.5.2 Kosten- und Leistungsplanung

Die gesamte Planung beginnt im Leistungsbereich. Dort wird beispielsweise durch die pädagogische Leitung die geplante Auslastung des kommenden Jahres festgelegt. Aus dem Leistungsumfang lässt sich in Verbindung mit den Kostensätzen das Erlösvolumen errechnen.

Die Ergebnisse der Leistungsplanung münden in die Personalplanung: Je nach absehbarer Belegung ergibt sich für die einzelnen

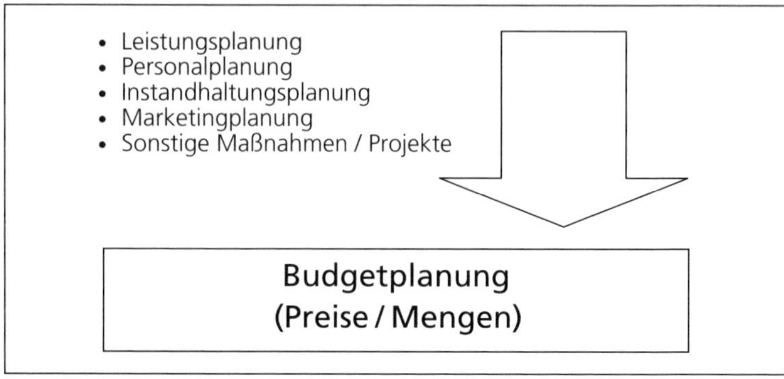


**Abb. 30:** Kosten- und Leistungsplanung

Dienstarten eine Über- oder Unterdeckung. Nach der Planung des Personalbedarfs (Menge) sind die Preisentwicklungen (Tariflohnsteigerung etc.) einzukalkulieren. Daraus ergeben sich dann die gesamten Personalkosten.

Neben den Hauptbereichen, der Leistungs- und Personalplanung werden die anderen Kostenartenbereiche geplant (Abb. 30). Für größere Instandhaltungs- oder Marketingmaßnahmen werden entsprechende Angebote eingeholt, deren Wertansätze in die Wirtschaftsplanung einfließen.

### *3.5.3 Der Planungsprozess*

Die Kosten- und Leistungsplanung beginnt in den einzelnen Kostenstellen des Sozialunternehmens Mitte des Jahres für das darauffolgende Geschäftsjahr. Sie erfolgt im Gegenstromverfahren: Nach zentraler Vorgabe schließt sich eine dezentrale Detailplanung in den Fachbereichen an. Anschließend werden die Planwerte so lange zwischen Bereich und Leitung verhandelt, bis eine Einigung erzielt ist.

In der zentralen Vorplanung prognostiziert das Controlling unternehmensweit geltende Preisveränderungen: Tariferhöhungen (BAT), Erhöhung der Kosten für Strom, Gas, Wasser, Versicherungsprämien oder der Leasingkonditionen etc.

Im nächsten Schritt werden durch die Zentrale je Kostenstelle die zu erreichenden Sollwerte vorgeplant. Als Orientierungsmaßstab kann beispielsweise für jede Endkostenstelle eine Verzinsung des eingesetzten Kapitals in Höhe von 3,5 % vorgegeben werden.

Diese Eckdaten, ergänzt um die fortgeschriebenen Ist-Werte des laufenden Jahres, erhält jeder Fachbereich und stellt die Sollwerte für

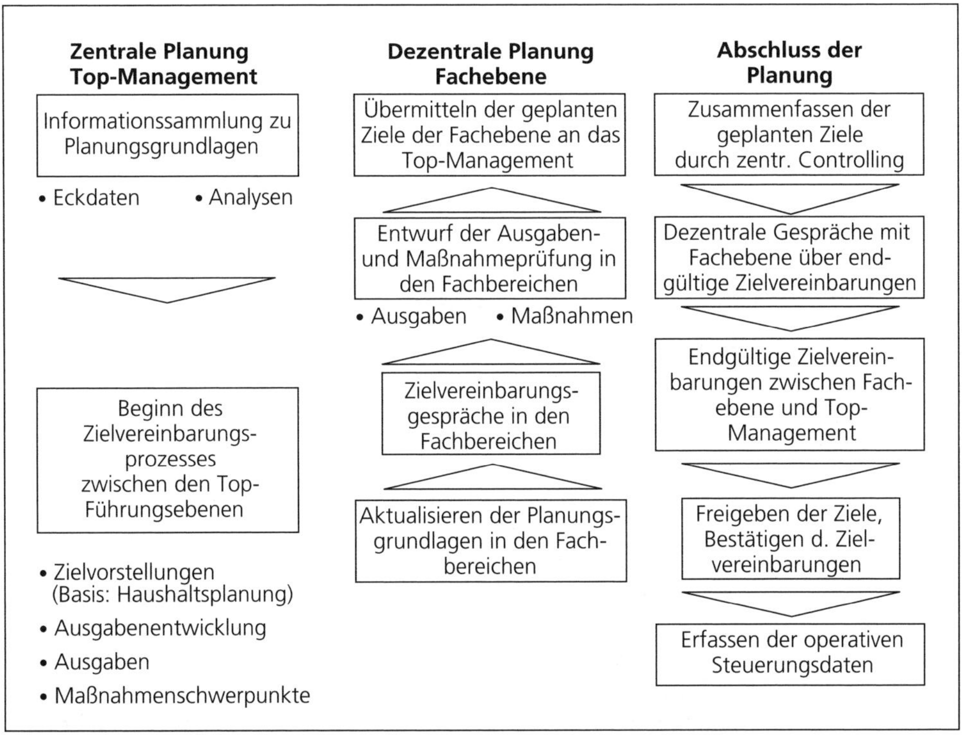


**Abb. 31:** Der Planungsprozess

das kommende Geschäftsjahr auf. Die Plansätze werden durch das Controlling geprüft und im Zielvereinbarungsprozess zwischen Leitung und Kostenstellenverantwortlichen vereinbart (Abb. 31).

Controller und Kostenstellenverantwortliche planen die Leistungsmengen der kommenden Periode (Belegung je Angebot). Anschließend ermitteln sie den für diese Leistungsmenge benötigten Ressourcenverbrauch (Personal, Sachmittel etc.). Die Planung beginnt bei der Unternehmensleitung per Vorgabe von Eckwerten. Die Kostenstellenverantwortlichen konkretisieren diese Daten in Detailplänen. Am Ende steht eine gemeinsam getroffene Zielvereinbarung über das einzuhaltende Budget.

## 3.6 Steuerung

Im Steuerungssystem wird geregelt, wer die Einhaltung der Sollwerte kontrolliert, wie gesteuert wird, wer welche Verantwortung trägt und welche Sanktionen eine Nichterreichung der Zielwerte nach sich zieht.

### *3.6.1 Budgetierungsmodelle*

Zur Budgetierung von Kostenstellen werden drei verschiedene Verfahren angewandt:

**Kostenverantwortungsbereich**

Beim Kostenverantwortungsbereich (Cost-Center-Konzept) ist der Kostenstellenleiter lediglich für die auflaufenden Kosten zuständig. Sein Budget beschreibt das maximal zu verausgabende Kostenvolumen. Dieses Verfahren findet in der Praxis immer seltener Anwendung, da die Kosten nicht von den verursachten Erlösen getrennt budgetiert werden sollten. In Zeiten des zunehmenden Wettbewerbs wird die Erlössteuerung immer wichtiger.

**Gewinnverantwortungsbereich**

Beim Gewinnverantwortungsbereich (Profit-Center-Konzept) haftet der Kostenstellenleiter auch für die zu erzielenden Erlöse. Das Budget beläuft sich auf den zu erreichenden Überschuss der Kostenstellen. Dieser so genannte Deckungsbeitrag beschreibt den Umfang der Gelder, den die Kostenstelle zur Deckung der indirekten Kosten (Overhead, Verwaltung) mit erwirtschaften muss. Außerdem sind oft die im Wirtschaftsplan angesetzten Positionen wechselseitig deckungsfähig. Das bedeutet, dass höhere Ausgaben im Betreuungsbereich beispielsweise durch Minderausgaben im Verwaltungsbedarf kompensiert werden können. Auch sind bei höheren Erlösen höhere Gesamtausgaben legitim. Von Relevanz ist lediglich, ob der vorgegebene Deckungsbeitrag erreicht wird.

Wird die vereinbarte Budgetvorgabe nicht erreicht, so folgt eine gemeinsame Analyse der Ursachen. Der Kostenstellenverantwortliche hat Gegensteuerungsmaßnahmen zu entwickeln und zu bewerten. Er prognostiziert, zu welchem Zeitpunkt und mit welcher finanziellen Wirkung die eingeleiteten Maßnahmen greifen.

Im Einzelfall kann der Verlust des laufenden Jahres auf das kommende Jahr vorgetragen werden, sodass der Kostenstellenverantwortliche zusätzliche Zeit für den Ausgleich seiner Kostenstelle erhält.

**Investitionsverantwortungsbereich**

Nach dem Konzept des Investitionsverantwortungsbereiches (Investment-Center-Konzept) besitzt der Kostenstellenverantwortliche die Freiheit, seinen erwirtschafteten Überschuss selbst zu investieren (z.B. in eine bauliche Verbesserung) oder auch Rücklagen für spätere Investitionen zu bilden.

Auch das Investment-Center-Konzept findet in der Praxis selten Anwendung, da sich die Unternehmensleitung oder der Träger in der Regel die Entscheidung über Investitionen selbst vorbehalten. Oft sind gerade in den Geschäftsfeldern mit erheblichen Defiziten umfangreiche Investitionen notwendig.

!

In den meisten Sozialunternehmen findet das so genannte „Profit-Center-Konzept" Anwendung. Danach ist der Kostenstellenleiter für seine Erträge und Aufwendungen gleichermaßen verantwortlich. Die Budgetierung orientiert sich am zu erreichenden Ergebnis der Kostenstelle. Investitionen werden zentral verantwortet und gesteuert.

### *3.6.2 Zielvereinbarung und Kontrolle*

Die Zielvereinbarung und -kontrolle findet in Sozialunternehmen oft in monatlichen Budgetgesprächen statt. Nach Abschluss der Planung wird das Budget der Kostenstellen vereinbart und von Unternehmensleitung und Kostenstellenverantwortlichen gegengezeichnet.

**regelmäßige Datenanalyse**

Sobald das neue Geschäftsjahr begonnen hat, erhalten die Kostenstellenleiter über das Berichtswesen jeden Monat ihre aktuellen Zahlungen und Planabweichungen. Controlling und Kostenstellenverantwortliche führen Abweichungsanalysen durch, um die Gründe für kritische Budgetüber- und -unterschreitungen zu ermitteln.

Der Kostenstellenverantwortliche erläutert diese Abweichungen schriftlich, entwickelt Gegensteuerungsmaßnahmen und prognostiziert deren Wirkung. Im Bedarfsfall erfolgt eine quartalsweise Anpassung der Sollwerte. Die sich veränderten Rahmenbedingungen werden in einer neuen Zielvereinbarung verbindlich festgelegt.

Diese grundlegende Systematik ist im Controlling- Kreislauf abgebildet (Abb. 32).

Die betriebswirtschaftliche Steuerung beginnt mit der Planung der zukünftigen Sollwerte. Sie mündet in die Zielvereinbarung zwischen Kostenstellen und Leitung einer sozialen Einrichtung. Die laufenden Ist-Ergebnisse werden gemessen und an die Kostenstellenleiter berichtet. Auf der Basis der gemeinsamen Abweichungsanalyse werden Korrekturmaßnahmen eingeleitet und die Plangrößen der kommenden Periode angepasst.

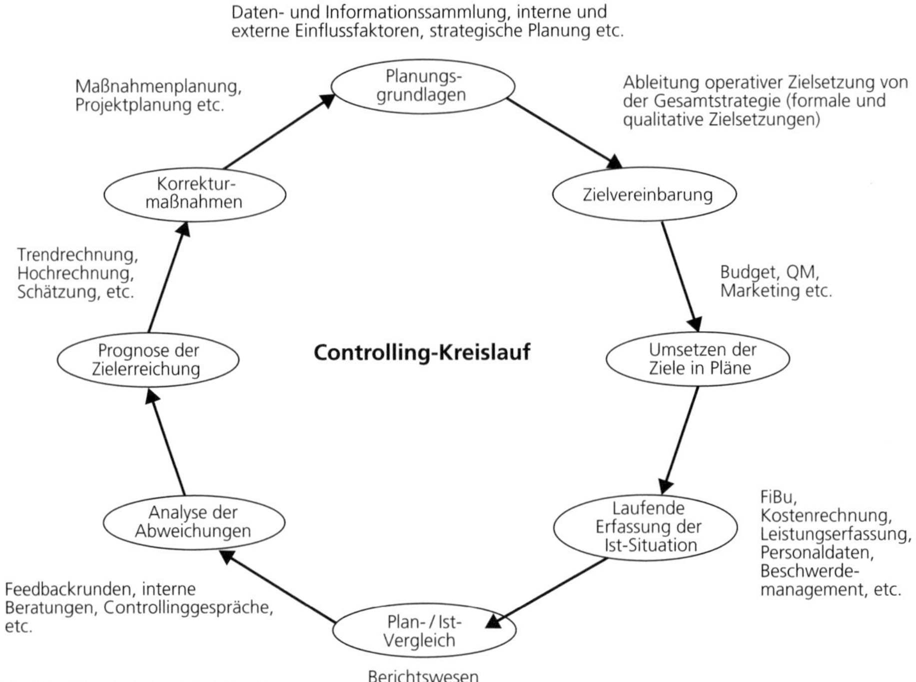


**Abb. 32:** Controlling-Kreislauf

!

Controlling macht soziale Organisationen reaktionsfähiger und erleichtert die Entscheidungen durch bessere Informationsversorgung. Controlling bringt Sicherheit und unterstützt die Führungsaufgaben Planung und Kontrolle.

Baum et al. (2007): Strategisches Controlling

Baus (2003): Controlling. Lehr- und Arbeitsbuch für die Fort- und Weiterbildung

Beck (1999): Controlling

Bono (2006): NPO Controlling – Professionelle Steuerung sozialer Dienstleistungen

Eisenreich et al. (2005): Steuerung sozialer Betriebe und Unternehmen mit Kennzahlen

Graumann (2008): Controlling. Begriff, Elemente, Methoden und Schnittstellen

Peters (2006): Controlling

# 4 Strategisches Management

Bei den Ausführungen zum Controlling wurde bereits deutlich, dass viele soziale Organisationen auf mittel- und langfristige Herausforderungen reagieren müssen. Wenn eine soziale Einrichtung zukünftig bestehen bzw. erfolgreich sein will, muss sie die Entwicklungstendenzen in ihrem Umfeld systematisch beobachten, erfassen und bewerten. Diese Fragestellungen werden unter der Bezeichnung des strategischen Managements zusammengefasst.

## 4.1 Begriffliche Grundlagen

Das strategische Management hat die Aufgabe, Chancen und Risiken, die sich durch die Veränderung der Unternehmensumwelt ergeben, vorherzusehen und in die eigene Unternehmensplanung und -steuerung mit einzubeziehen. Zielsetzung ist die dauerhafte Existenzsicherung der Organisation.

Strategisches Management umfasst die Summe aller Führungsaufgaben, die sich mit Planung und Ausführung von Strategien beschäftigen.

**Unternehmensentwicklung**

Strategische Unternehmensentwicklung umfasst

- das Erkennen langfristiger Erfolgspositionen;
- das Entwickeln und Festlegen von Zielen;
- das Schaffen von internen Voraussetzungen, um diese Ziele zu erreichen;
- das Umsetzen von umfeldbezogenen Maßnahmen zur Erreichung der Ziele;
- das Überprüfen der weiteren Gültigkeit der den strategischen Ziele zugrunde liegenden Annahmen.

## 4.2 Systematiken der Unternehmensstrategien

Strategien sind mehr als nur gute Absichten. Sie müssen so formuliert werden, dass sie mess- und kontrollierbar sind. Strategie lässt sich wie folgt definieren: Sie ist die Konzeption des eigenen mittelfristigen Handelns unter Einbeziehungen des wahrscheinlichen Verhaltens aller anderen Marktakteure (Politik, Kostenträger, Klienten, Wettbewerber etc.).

Strategien lassen sich für das Sozialunternehmen insgesamt sowie für einzelne Funktionen (Personal, Finanzierung) entwickeln. Strategien können beispielsweise auf Wachstum oder gezieltes Schrumpfen hin orientiert sein. Mit ihnen kann das Unternehmen auf eine Spezialisierung (Konzentration der Aktivitäten) oder ein möglichst breites Leistungsangebot (Diversifizierung) setzen. Es besteht die Möglichkeit im lokalen Markt einen höheren Marktanteil (Marktdurchdringung) zu erreichen oder in anderen Regionen aktiv zu werden (Marktentwicklung). Abbildung 33 verdeutlicht, welche unterschiedlichen Strategien Anwendungen finden können.

**Geschäftsfeldstrategie**

Am Beispiel einer Geschäftsfeldstrategie sollen wichtige Schritte zur Entwicklung einer Unternehmensstrategie aufgezeigt werden. Geschäftsfeldstrategien beziehen sich auf die Frage, mit welchen Produkten in welchen Branchen und Märkten ein soziales Unternehmen tätig sein will.

Zunächst ist wichtig, dass strategische Geschäftsfelder definiert werden. Ein strategisches Geschäftsfeld ist eine von anderen Leistungsbereichen der Organisation inhaltlich und organisatorisch trennbare Produkt-Markt-Kombination. Es ist zu klären, welche Leistungen in welcher Menge in Zukunft angeboten werden sollen. Dieser Schritt ist von zentraler Bedeutung, da viele soziale Organisationen dazu neigen, ihr Leistungsangebot auszuweiten, ohne es auf Aktualität hin zu hinterfragen.

Zur Entwicklung von Geschäftsfeldstrategien wird häufig das Instrument der Portfolioanalyse eingesetzt. Im Rahmen des Strategieentwicklungsprozesses werden einzelne strategische Geschäftsfelder nach ihren Stärken und Schwächen beurteilt. Hierbei sind folgende Schritte von Bedeutung:

- Auflistung der einzelnen Leistungsbereiche (Welche Leistungen erbringen wir?)
- Ableitung von strategischen Geschäftsfeldern (Wie können die Bereiche sinnvoll zusammengefasst werden, um eine eigene Strategieentwicklung zu ermöglichen?)

| | |
|---|---|
| Organisatorischer Geltungsbereich | • Unternehmensstrategie<br>• Geschäftsfeldstrategie<br>• Funktionsbereichsstrategie |
| Funktion | • Absatzstrategie<br>• Beschaffungsstrategie<br>• Leistungserstellungsstrategie<br>• Personalstrategie<br>• Finanzierungsstrategie<br>• Markenentwicklungsstrategie<br>• Marktdurchdringungsstrategie |
| Marktverhalten | • Angriffsstrategie<br>• Verteidigungsstrategie |
| Entwicklungsrichtung | • Wachstumsstrategie<br>• Stabilisierungsstrategie<br>• Schrumpfungsstrategie |
| Produkte / Märkte | • Umfassende Kostenführerschaft<br>• Qualitätsführerschaft<br>• Differenzierungsstrategie<br>• Konzentrationsstrategie<br>• Produktentwicklungsstrategie<br>• Diversifikationsstrategie |

**Abb. 33:** Strategien

- Festlegung von allgemeinen Kriterien zur Beurteilung der strategischen Geschäftsfelder (Wie stark wird die Leistung nachgefragt?)
- Festlegung von speziellen Kriterien zur Beurteilung der strategischen Geschäftsfelder (Wie wird die Leistung derzeit tatsächlich nachgefragt?)
- Gewichtung der Kriterien: es muss ein Gewichtungsfaktor festgelegt werden, um die speziellen Kriterien hinsichtlich ihrer Wichtigkeit einordnen zu können (z. B. Imagebeitrag 10 %, finanzielle Bedeutung 50 %, inhaltliche Bedeutung 40 %); die Summe der Prozentzahlen muss 100 % ergeben
- Festlegen des Ist-Portfolios: jedes strategische Geschäftfeld muss auf Basis der entwickelten Kriterien gemessen werden; je nach Kriterium können beispielsweise zwischen 0 und 100 Punkte vergeben werden (0 = sehr schlecht, 100 = sehr gut); die ermittelten Punkte müssen dann mit dem Gewichtungsfaktor multipliziert werden; als Ergebnis liegt für jedes strategische Geschäftsfeld ein konkreter Wert vor
- Erarbeiten eines Soll-Portfolios: nach Erarbeitung des Ist-Zustands ist eine konkrete Zukunftsstrategie zu entwickeln, die klärt, wie zukünftig mit den einzelnen strategischen Geschäftsfeldern zu verfahren ist

**Vorgehen anhand eines Beispiel**

Anhand eines Beispiels soll die Vorgehensweise verdeutlicht werden. Ein „Träger der Behindertenhilfe“ kann beispielsweise folgende strategische Geschäftsfelder haben:

- SGF 1: stationäre Wohnformen für Menschen mit einer geistigen Behinderung (GB)
- SGF 2: stationäre Wohnformen für Menschen mit einer psychischen Behinderung (PB)
- SGF 3: eine Werkstatt für behinderte Menschen (WfbM)
- SGF 4: eine Tagesstätte
- SGF 5: ambulante Außenwohngruppen

Die Geschäftseinheiten werden durch Kreise symbolisiert, deren Durchmesser in Beziehung zum erzielten Umsatz steht. Die unterschiedlich großen Kreise werden nach den Kriterien Marktwachstum und relativer Marktanteil in eine Vier-Felder-Matrix eingeordnet (Abb. 34).

**Marktanteile und Wachstumspotentiale**

Zweck des Ist-Portfolios ist die Visualisierung der strategischen Ausgangssituation. In den vier Feldern ergeben sich folgende Ausgangssituationen. „Problemprodukte" oder „Poor Dogs" sind durch niedrigen Marktanteil und niedriges Wachstum gekennzeichnet.

„Fragezeichen" oder „Nachwuchsprodukte" haben einen geringen Marktanteil, aber ein hohes Marktwachstum. Sie haben das Potenzial

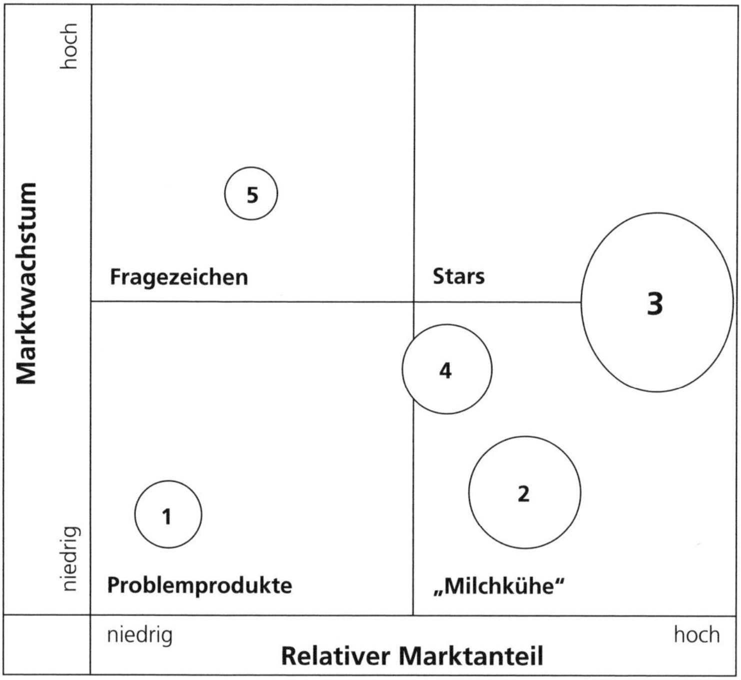


**Abb. 34:** Ist-Portfolio für eine Einrichtung der Behindertenhilfe

| | |
|---|---|
| **PROBLEMPRODUKTE ODER „POOR DOGS"** | Defensivstrategie mit Desinvestition und geordnetem Rückgang |
| **FRAGEZEICHEN ODER NACHWUCHS-PRODUKTE** | Zwei Möglichkeiten:<br>Offensivstrategie mit Ausbau der Kapazitäten<br>Defensivstrategie mit Rückzug |
| **STARS** | Investitionsstrategie zum Erhalt des Marktanteils und im Interesse künftiger Erträge |
| **MILCHKÜHE ODER „CASH-COWS"** | Abschöpfungsstrategie und Investition der Überschüsse in erfolgversprechende Nachwuchsprodukte |

**Tab. 19:** Normstrategien bei der Portfolioanalyse

zum „Star" zu werden. „Stars", bei denen ein hoher Marktanteil mit hohen Wachstumschancen einhergeht, sind Produkte, die künftigen wirtschaftlichen Erfolg versprechen.

Die „Milchkühe" oder „Cash Cows" mit hohem Marktanteil, aber geringem Marktwachstum, sind für den derzeitigen Erfolg des Unternehmens wesentlich. Aus der Einordnung in die verschiedenen Felder können für die strategischen Geschäftsfelder so genannte Normstrategien abgeleitet werden (Tab. 19).

Für das Beispiel „Träger der Behindertenhilfe" kann sich folgende Situation ergeben:

- SGF 1: stationäre Wohnformen für Menschen mit einer geistigen Behinderung (GB) zählen zu den Problemprodukten, weil die Konkurrenz stark ist und kein Marktwachstum zu erwarten ist; aus diesem Grund ist hier eine Defensivstrategie mit Deinvestition und Rückzug angezeigt
- SGF 2: stationäre Wohnformen für Menschen mit einer psychischen Behinderung (PB) zählen zu den „Milchkühen" und stellen die Grundlage für die gute finanzielle Situation des Unternehmens dar
- SGF 3: die Werkstatt für behinderte Menschen (WfbM) kann sich zum „Star" entwickeln; hier sollte das Unternehmen weitere Investitionen anstreben
- SGF 4: auch die Tagesstätte wird den „Milchkühen" zugeordnet, da sie einen wichtigen Beitrag zum finanziellen Erfolg des Unternehmens liefert
- SGF 5: ambulante Außenwohngruppen sind vor dem Hintergrund „ambulant vor stationär" erfolgversprechende Nachwuchsprodukte, die weiter ausgebaut werden sollten

!

Zur Entwicklung von Unternehmensstrategien wird meist die Portfoliotechnik verwendet. Im Rahmen des Strategieentwicklungsprozesses für die einzelnen strategischen Geschäftsfelder werden diese nach ihren Stärken und Chancen bewertet und eine optimale Gestaltung der strategischen Geschäftsfelder in Zukunft daraus abgeleitet.

## 4.3 Szenariotechnik

Grundlage jeder Strategie ist ein Szenario über die zukünftige Entwicklung des Marktumfeldes: der Nachfrage, der Politik, der Wettbewerber oder der Kostenträger.

**Marktentwicklung**

Ein Szenario ist ein in sich konsistentes Prämissenbündel zukünftiger Marktentwicklungen. Da unklar ist, wie sich die einzelnen Marktakteure in der Zukunft verhalten werden, versuchen die strategischen Planer die Extrempunkte möglicher Entwicklungen vorherzusehen.

Mögliche Einflussgrößen sind

- sinkende Kaufkraft,
- Saisonschwankungen,
- Substitutionsprodukte,
- Versorgungsschwierigkeiten.

So könnte sich beispielsweise das persönliche Budget als ein Modethema erweisen, das von der Politik mittelfristig nicht weiter verfolgt wird (Extremszenario A). Das gegenteilige Szenario könnte in einer marktbeherrschenden Bedeutung von persönlichen Budgets liegen (Extremszenario B). Sozialunternehmen versuchen sich auf beide Varianten vorzubereiten.

Grafisch wird diese Form der Prognose mit dem Szenariotrichter visualisiert (Abb. 35). Ziel ist es, die tatsächliche zukünftige Entwicklung zwischen den beiden Extrempunkten einzufangen.

## 4.4 Der Strategieentwicklungsprozess

In der Praxis zeigt sich, dass der Aufwand für die Entwicklung einer Strategie hoch ist. Häufig sind die Mitarbeiter hinsichtlich eines strategieorientierten Denkens nicht hinreichend geschult.

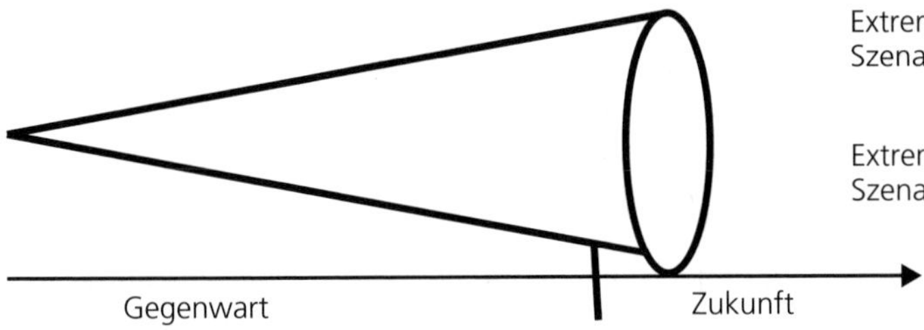


**Abb. 35:** Szenario-trichter

!

Um strategische Planungsprozesse in sozialen Organisationen zum Erfolg führen zu können, ist es notwendig, für deren hohen Stellenwert zu sensibilisieren.

In vielen Sozialunternehmen erfolgt die Strategieentwicklung in den jährlichen Strategieklausurkonferenzen. In einem mehrtägigen Workshop werden Daten zusammengetragen und Entwicklungen analysiert, die die Basis der zukünftigen strategischen Maßnahmen bilden.

Die Verantwortung für die Gesamtstrategie liegt bei der Unternehmensleitung; in den daraus abgeleiteten Geschäftsbereichsstrategien sind die Bereichsverantwortlichen federführend tätig.

### *4.4.1 Strategische Markt- und Organisationsanalyse*

In den gemeinsamen Strategierunden werden die Chancen und Risiken in den einzelnen Leistungsbereichen sowie die Stärken und Schwächen der eigenen Organisation analysiert (Abb. 36).

Mit Hilfe der Szenariotechnik wird das „System Sozialunternehmen“, seine Umwelt und dessen Entwicklung beschrieben. Dabei können folgende Schritte Anwendung finden:

- Untersuchungsfeldanalyse (Beschreibung der relevanten Abteilungen und Bereiche)
- Umfeldanalyse (Beschreibung der relevanten Umwelten: Politik, Kostenträger, Wettbewerber, Klienten)
- Trendprojektion (Beschreibung von möglichen Entwicklungen der Umwelt unter optimistischen und pessimistischen Prämissen)
- Alternativenbündelung und Szenariointerpretation (Zusammenfassung der Einzeltrends zu zwei konsistenten Alternativszenarien)
- Auswirkungsanalyse (Diskussion der sich ergebenden Chancen und Risiken)

**Umfeld**

Ziel der Umfeldanalyse ist die Ermittlung von Chancen und Risiken, die sich aus den Umfeldveränderungen ableiten lassen. Chancen sollten nach Möglichkeit genutzt, Risiken vermieden werden.

In Form von Checklisten können Chancen und die Risiken, die sich aus Veränderungen der Umwelten ergeben, prognostiziert werden (Abb. 37).

**„innere Situation"**

Nach Abschluss der Arbeiten an der „Außenperspektive" (Markt) wechselt die Betrachtung in die Organisationsanalyse, die die „innere Situation" des Sozialunternehmens in den Blick nimmt. Stärken und Schwächen der einzelnen Bereiche werden ermittelt.

Auch hier kann ein standardisiertes Raster zur Analyse verwendet werden (Abb. 38).

In jeder Dimension werden sehr unterschiedliche Aspekte beleuchtet:

- der Mensch bzw. Mitarbeiter (Kompetenzniveau, Motivation)
- Funktionen und Aufgaben (Klarheit, Abgrenzung)
- Techniksystem (Ausstattungsniveau, Ersatzbedarf)
- Ressourcen (finanzielle Mittel)
- Prozess- und Strukturorganisation (Qualitätsmanagement)
- Forschungs-, Entwicklungs- und Erneuerungssysteme (Vorschlagswesen, neue Betreuungskonzepte)
- Informations- und Kommunikationssysteme (Besprechungswesen, Informationsweiterleitung)
- Belohnungs-, Kontroll- und Sanktionssystem (Zielvereinbarung, Ergebniskontrolle, Anreizsysteme)

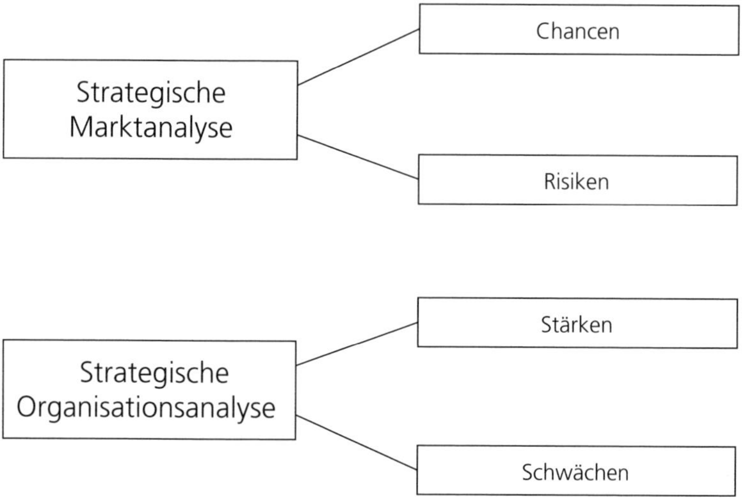


**Abb. 36:** Strategische Markt- und Organisationsanalyse

Die Marktanalyse (Außenorientierung) ermittelt Chancen und Risiken, die sich aus prognostizierten Umfeldveränderungen ergeben. Die interne Analyse (Binnenorientierung) geht von der von außen determinierten Situation aus und untersucht die Gestaltungsmöglichkeiten innerhalb der Organisation.

**Stärken-Schwächen-Profil**

Aus dem Ergebnis lässt sich dann ein Stärken-Schwächen-Profil entwickeln, das mit dem Chancen-Risiken-Profil der Marktanalyse die Basis der nachfolgend zu entwickelnden Erfolgspotenziale darstellt.

### *4.4.2 Strategische Erfolgspotenziale*

Die Ergebnisse aus beiden Analysebereichen, Markt- und Organisationsanalyse, werden nun in die Potenzialanalyse übernommen. Die Potenzialanalyse befasst sich mit der Fragestellung, welche Erfolgspotenziale in der eigenen Organisation und auf den Märkten bereits vorhanden sind und welche in der Zukunft neu aufgebaut werden müssen.

| | |
|---|---|
| **Wirtschaft** | Konjunkturlage, Beschäftigungslage, Kaufkraft der Konsumenten, Wirtschaftswachstum, Entwicklung der Arbeitsproduktivität, Arbeitslosenrente, Inflationsrate, Konjunkturschwankungen, internationale Wirtschaftsentwicklungen, Lohn- und Gehaltsentwicklung, Gestaltung der Wirtschaftssysteme, Vermögensentwicklung bzw. Verschuldungsgrad, Konsumentenverhalten |
| **Politik und Recht** | Allgemeiner Trend der Gesetzgebung und Rechtssprechung, spezifische Rechtsnormen, globale politische Entwicklungen, Entwicklung der Parteienlandschaft, regionale politische Veränderungen, Entwicklung im Arbeits- und Sozialrecht, Entwicklungen im Steuer- und Wirtschaftsrecht, wirtschaftspolitische Entwicklungen |
| **Demografie und soziokulturelles Umfeld** | Bevölkerungswachstum, Altersstruktur, soziale Entwicklungen, Entwicklung der einzelnen sozialen Schichten, Bildungssystem und -niveau der Gesellschaft, Berufsstruktur, Werte und Einstellungen der Gesellschaft |
| **Technologie** | Entwicklung der EDV allgemein, Entwicklung von spezifischen EDV-Lösungen im NPO-Bereich, neue Produkte in den relevanten Sparten |
| **Regionales Umfeld** | Einzugsgebiet, Altersstruktur und alle genannten Faktoren aus den anderen Bereichen, die spezifische regionale Entwicklungen aufweisen |

**Abb. 37:** Checkliste „Allgemeines Marktumfeld“

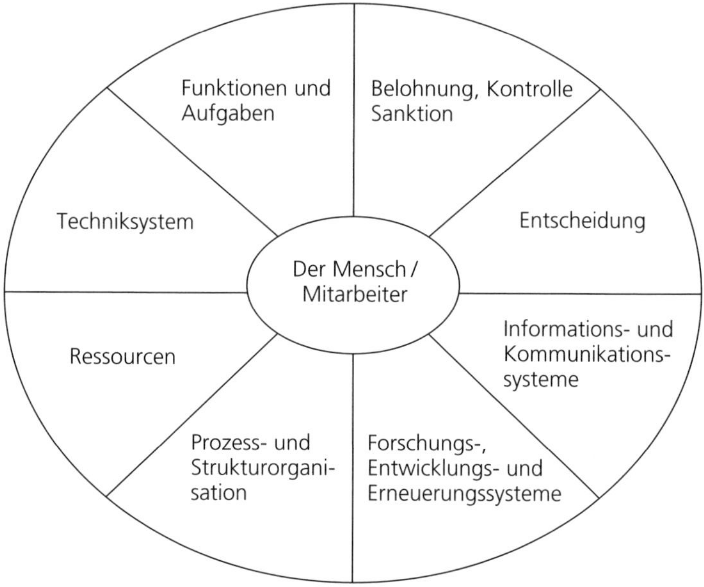


**Abb. 38:** Checkliste „Organisationsanalyse"

So werden aus den Szenarien zur Umweltentwicklung (steigender Bedarf, Fachkräftemangel, steigender Wettbewerb, rückläufige Kostensätze) und den Kernkompetenzen der Organisation (Motivation, Zufriedenheit, Fachkompetenz, Dienstleistungsqualität, pädagogische Schwerpunktbildung) die Potenziale ermittelt, die dem Unternehmen die Möglichkeit eröffnen, langfristig erfolgreich zu sein.

In Tabelle 20 werden Beispiele für Erfolgspotenziale einer sozialen Einrichtung dargestellt.

Aus vorhandenen Schwächen müssen, gerade wenn es die Marktbedingungen erfordern, zukünftig Stärken werden.

**Tab. 20:** Beispiele für Erfolgspotenziale

| **INTERN** | **EXTERN** |
|---|---|
| Verwaltung als interner Dienstleister | Case Management |
| Ausbildung | Ehrenamt |
| Know-how zur Fördermittelbeschaffung | Ambulante Angebote |
| Öffentlichkeitsarbeit | Gemeinwesenorientierung |
| Mitarbeiterfortbildung | Pädagogische Schwerpunktbildung |
| Tradition | Gutes Image in der Region |

!

Am Anfang eines Strategiebildungsprozesses steht die Marktanalyse. Unter Zuhilfenahme optimistischer und pessimistischer Prämissen werden zukünftige Marktentwicklungen auf dem Absatz- und Beschaffungsmarkt prognostiziert. Dazu bedient sich das Sozialunternehmen der Szenariotechnik.
Im zweiten Schritt erfolgt die Organisationsanalyse. Hierbei werden interne Stärken und Schwächen zusammengetragen und bewertet. Die Ergebnisse münden in die Potenzialanalyse, die die Frage beantwortet, welche Erfolgspotenziale zukünftig gesichert und welche neu aufgebaut werden müssen. Die Potenzialanalyse wiederum liefert die Basis für den strategischen Zielbildungsprozess.

### *4.4.3 Strategische Ziele*

Die Ausgangsfrage zur strategischen Zielbildung lautet:

„Welche Steuerungsinhalte müssen berücksichtigt werden, um Chancen zu nutzen und Risiken zu bewältigen?“

Um diese Frage beantworten zu können, müssen die Ergebnisse der Potenzialanalyse geclustert und zu Zieldimensionen zusammengefasst werden. Ein solcher Zielentwicklungsprozess kann beispielsweise zu folgenden Ergebnissen führen:

- **Finanzen:** stimmige Gesamtfinanzierung, Fördermittel, neue Selbstzahlerleistungen, Konsolidieren der Gesamtfinanzen
- **Klienten:** Klientenzufriedenheit, neue Zuweiser, Zuweiserorientierung, Öffentlichkeitsarbeit, Dienstleistungsqualität, innovatives Dienstleistungsangebot
- **Mitarbeiter:** Spaß und Freude, Trägeridentifikation, Mitarbeiterzufriedenheit, intensive Aus- und Weiterbildung, Qualifikation, Kompetenz, Motivation, Arbeitskommunikation nach innen, Reflexions- und Belohnungssystem, Mitarbeiter in Innovationsprozessen
- **Prozesse:** lernende Organisation, effiziente Prozesse, lebendige QM-Systeme, interne Prozessentwicklung und –steuerung, interne/externe Vernetzung, Synergieeffekte, Lernen und Entwickeln, Innovation, Fachlichkeit

**Zieldimensionen**

Anschließend werden die Ideen verdichtet und Ziele in verschiedenen Dimensionen ausformuliert (Abb. 39).

Die Ziele müssen hinsichtlich ihrer kurz- und langfristigen Zielbeziehungen untersucht werden. Zudem muss ermittelt werden, ob sie sich gegenseitig verstärken, abschwächen oder sich neutral zueinander verhalten (Ursache-/Wirkungsbeziehungen).

**Finanzen:**

| | |
|---|---|
| F1 | Aus dem gesamten Leistungsspektrum wird ein Überschuss erwirtschaftet. |
| F2 | Neue Leistungsfinanzierungen und Fördermittel werden kontinuierlich erschlossen. |
| F3 | Bestehende Geschäftsfelder werden durch umsichtige Investitionstätigkeit gesichert, neue Geschäftsfelder werden erschlossen. |
| F4 | Das Vermögen wird gesichert und bedarfsgerecht ausgebaut. |
| F5 | Das Liquiditätsmanagement sichert eine ergebnisorientierte Zahlungsfähigkeit. |

**Klienten:**

| | |
|---|---|
| K1 | Unsere Klientenbeziehungen sind geprägt von Zuverlässigkeit und Verbindlichkeit. |
| K2 | Unseren Klienten garantieren wir höchste Dienstleistungsqualität. |
| K3 | Wir binden vorhandene und gewinnen zusätzliche Zuweiser. |
| K4 | Das Leistungsspektrum ist transparent und innerhalb und außerhalb der Region bekannt. |
| K5 | Das Dienstleistungsangebot wird permanent den sich verändernden Forschungsergebnissen angepasst. |

**Mitarbeiter:**

| | |
|---|---|
| M1 | Mitarbeiter, Führungskräfte und Träger stehen in einer gemeinsamen Verantwortung für Kompetenzentwicklung. |
| M2 | Mitarbeiter, Führungskräfte und Träger sind gemeinsam dafür verantwortlich, dass die Mitarbeiter zufrieden und motiviert arbeiten. |
| M3 | Wir decken unseren qualitativen und quantitativen Personalbedarf. |
| M4 | Die Mitarbeiter erbringen selbstständig und gemeinsam das Leistungsangebot. |

**Prozesse:**

| | |
|---|---|
| O1 | Wir optimieren unsere Fachlichkeit in steter Auseinandersetzung mit Wissenschaft, Öffentlichkeit und den eigenen Leitlinien. |
| O2 | Geschäftsprozesse, Arbeitsabläufe und Kompetenzen sind eindeutig, transparent und werden kontinuierlich verbessert. |
| O3 | Wir sind intern und extern vernetzt und bauen sinnvolle Kooperationen auf. |
| O4 | Wir setzen uns innovativ mit neuen Anforderungen auseinander, entwickeln Konzepte und setzen diese um. |

**Abb. 39:** Zieldimensionen

Abschließend erfolgt eine Reflexion der strategischen Analyse, Dimensionen, Ziele und Zielbeziehungen auf der Ebene aller Führungskräfte.

Die Führungskräfte tragen die Verantwortung für die Strategie und müssen die vorliegenden Ergebnisse im Hinblick auf Stimmigkeit, Vollständigkeit und Verständlichkeit überprüfen. Dabei werden Zielformulierungen modifiziert, neue Ziele aufgenommen und bestehende Zielelemente ersatzlos gestrichen, sodass anschließend das Zielsystem verabschiedet werden kann.

!

Strategische Ziele
- orientieren sich an den strategischen Erfolgspotenzialen;
- lassen sich in verschiedene Zieldimensionen gliedern (z. B. Finanzen, Kunden, Prozesse, Mitarbeiter);
- müssen eindeutig, verständlich und klar formuliert werden;
- sind auf ihre Ursache-/Wirkungsbeziehungen hin zu untersuchen und
- müssen von allen Führungskräften verstanden, geteilt und akzeptiert werden

**Tab. 21:** Ziele und Kennzahlen für den Bereich Finanzen

| PERSPEKTIVE | ZIEL | KENNZAHL | ZIELWERT | ISTWERT |
|---|---|---|---|---|
| Finanzen | Aus dem gesamten Leistungsspektrum wird ein Überschuss erwirtschaftet. | Budgetergebnis | | |
| | Neue Leistungsfinanzierungen und Forschungsmittel werden kontinuierlich erschlossen. | Erlösquoten | | |
| | Bestehende Geschäftsfelder werden durch umsichtige Investitionstätigkeit gesichert und neue erschlossen. | Investitionsquote | | |
| | Die Liquidität sichert jederzeitige Zahlungsfähigkeit. | Liquiditätsstatus | | |

### *4.4.4 Strategieumsetzung*

Nachdem das Zielsystem verabschiedet ist, übernimmt das Controlling die Aufgabe, für alle Ziele Messverfahren zu entwickeln. Als Basis kann ein Kennzahlensystem dienen.

Schritte der Strategieumsetzung
- Zuordnung von Kennzahlen zu Zielen
- Individualisierung der Zielwerte für die einzelnen Bereiche einer Organisation
- Zuordnung der strategischen Projekte zur Umsetzung der Ziele
- Einbindung des Steuerungssystems in das bereits vorhandene System der Zielvereinbarung

| **Einrichtung xyz** | | **Vision:** | | | | | | | |
|---|---|---|---|---|---|---|---|---|---|
| Perspektive | Strategisches Ziel | Kennzahl | Kennzahl | | Datenlieferung | | Wert | | |
| | | | vorh. | entw. | von | Häufigkeit | Soll | Ist | Abw. |
| Finanzen | | | | | | | | | |
| | | | | | | | | | |
| Kunden | | | | | | | | | |
| | | | | | | | | | |
| Prozesse | | | | | | | | | |
| | | | | | | | | | |
| Mitarbeiter | | | | | | | | | |
| | | | | | | | | | |

| Strategische Maßnahme | Beginn | Ende | Projekt-Nr. | Verantwortlich |
|---|---|---|---|---|
| | | | | |
| | | | | |
| | | | | |
| | | | | |
| | | | | |
| | | | | |
| | | | | |
| | | | | |

**Abb. 40:** Vom strategischen Ziel zur Aktion

**Zielvereinbarungen**

Für alle Bereiche einer Organisation können Zielwerte festgelegt und deren Erreichungsgrad gemessen werden. Die Ziele und Kennzahlen können in Zielvereinbarungsgesprächen genutzt werden, um die Leistung von Mitarbeitern überprüfbar und messbar zu machen.

Allen laufenden Veränderungsprojekten werden Ziele zugeordnet, sodass am Ende des Strategiefindungsprozesses das Sozialunternehmen über ein umfassendes strategisches Planungs- und Steuerungssystem verfügt.

Die Formulierung von Zielen, die Entwicklung von Zielsystemen und das Erarbeiten von Strategien sind wichtige Aufgaben der Leitung einer sozialen Organisation.

Die Dokumentation von Ziel, Kennzahl und strategischen Maßnahmen kann die erfolgreiche Umsetzung der Strategie beschleunigen.

Badelt (2006): Handbuch der Nonprofit-Organisation – Strukturen und Management

Maelicke (2002): Strategische Unternehmensentwicklung in der Sozialwirtschaft

Schwarz (2006): Management-Prozesse und -Systeme in Nonprofit-Organisationen

# 5 Risikomanagement

Im Zentrum des vorangegangenen Kapitels standen Fragen und Instrumente des strategischen Managements. Im Rahmen der unternehmerischen Risikogestaltung kann die Unternehmensführung Risiken zielorientiert eingehen, kontrollieren oder vermeiden.

Mit Hilfe eines Risikomanagementsystems können Gefahren frühzeitig erkannt und Zeit für unternehmerisches Handeln gewonnen werden. Risikomanagement ermöglicht eine rechtzeitige Bewertung und Bewältigung von Risiken. Diesbezüglich unterstützt das Risikomanagement die strategische Steuerung eines sozialen Unternehmens.

## 5.1 Risikomanagementsysteme

**Chancen und Risiken**

Die vielen verschiedenen Arten von Risiken, die teilweise versteckten Risiken in immer komplexer werdenden politischen Rahmenbedingungen und nicht zuletzt die zunehmende europäische Vernetzung des Gesundheits- und Sozialmarktes erfordern von jedem sozialen Unternehmen einen verantwortungsvollen und bewussten Umgang mit Risiken.

!

Ziel des Risikomanagements ist die rechtzeitige Identifikation und Bewältigung von Risiken, die für den Bestand und den wirtschaftlichen Erfolg von sozialen Unternehmen von Bedeutung sind.

Jede Entscheidung, die in der Gegenwart getroffen wird, ist in ihren Konsequenzen stets zukunftsbezogen. Entscheidungen im Unternehmen können nie auf Basis gesicherter Daten getroffen werden. Prognosen oder die Einschätzung von zukünftigen Entwicklungen basieren immer auf geschätzten Werten und werden ebenfalls durch die subjektive Meinung der jeweiligen Entscheidungsträger beeinflusst.

Damit sind die Konsequenzen, die sich aus Entscheidungen ergeben, stets ungewiss. Unter einem Unternehmensrisiko wird die Gefahr verstanden, dass Ereignisse oder Handlungen ein Unternehmen daran hindern, seine Ziele zu erreichen bzw. seine Strategien erfolgreich umzusetzen.

Es sind folglich nicht ausschließlich negative Einflüsse als Risiken zu definieren, auch nicht realisierte Chancen stellen eine Gefahr für das Unternehmen dar. Die Beschränkung auf reine Risiken bedeutet, dass bei der Bewertung und Bewältigung der Risiken die Chancen nicht in die Betrachtung einbezogen werden.

!

Um Risiken zu erkennen und ihnen vorzubeugen, sollte ein geeignetes Risikomanagementsystem implementiert werden. Nicht oder zu spät erkannte Risiken (Chancen) gefährden die Vermögens-, Finanz- und Ertragslage eines sozialen Unternehmens und können langfristig sogar seine Bestandsgefährdung zur Folge haben.

Mit Hilfe des Risikomanagementsystems beantwortet die Unternehmensleitung des Sozialunternehmens die Fragen: Haben wir alles im Blick? Sind alle Risikobereiche berücksichtigt?

**Elemente eines Risikomanagements**

Grundsätzlich lassen sich folgende Elemente eines Risikomanagementsystems unterscheiden (Abb.41):

- Internes Überwachungssystem
  - Interne Revision
  - Internes Kontrollsystem
- Controlling
- Frühwarnsystem

### *5.1.1 Internes Überwachungssystem*

Hauptbestandteil eines Risikomanagementsystems ist das Interne Überwachungssystem. Es umfasst alle Überwachungsmaßnahmen, Prüfungs- und Kontrollmaßnahmen im Hinblick auf rechtliche und organisatorische Regelungen zur Sicherung zielorientierten Unternehmensgeschehens. Im Rahmen des Internen Überwachungssystems spielen sowohl prozessabhängige Kontrollmaßnahmen als auch prozessunabhängige Kontrollen beispielsweise im Rahmen der Internen Revision eine große Rolle.

**Interne Revision**

Aufgabe der Internen Revision im Rahmen des Risikomanagements ist es, durch periodisch wiederkehrende und ad hoc ausgeführte Prüfungen die Wirksamkeit des Risikomanagements sicherzustellen. Da in vielen sozialen Unternehmen eine Interne Revision nicht vorhanden ist, sollte mit dieser Aufgabe ein Team von im Risikomanagement erfahrenen Experten betraut werden.

**Internes Überwachungssystem**

Es ist festzustellen, dass sich das Interne Überwachungssystem nicht nur auf den Zahlungsverkehr, die Buchhaltung und das Rechnungswesen im engeren Sinne, sondern auf alle betrieblichen Funktions- und Dienstleistungsbereiche bezieht.

In sozialen Einrichtungen kann dem Internen Überwachungssystem auch die Qualitätssicherung zugeordnet werden. Es kann zahlreiche Elemente beinhalten, die hier nur beispielhaft aufgeführt werden:

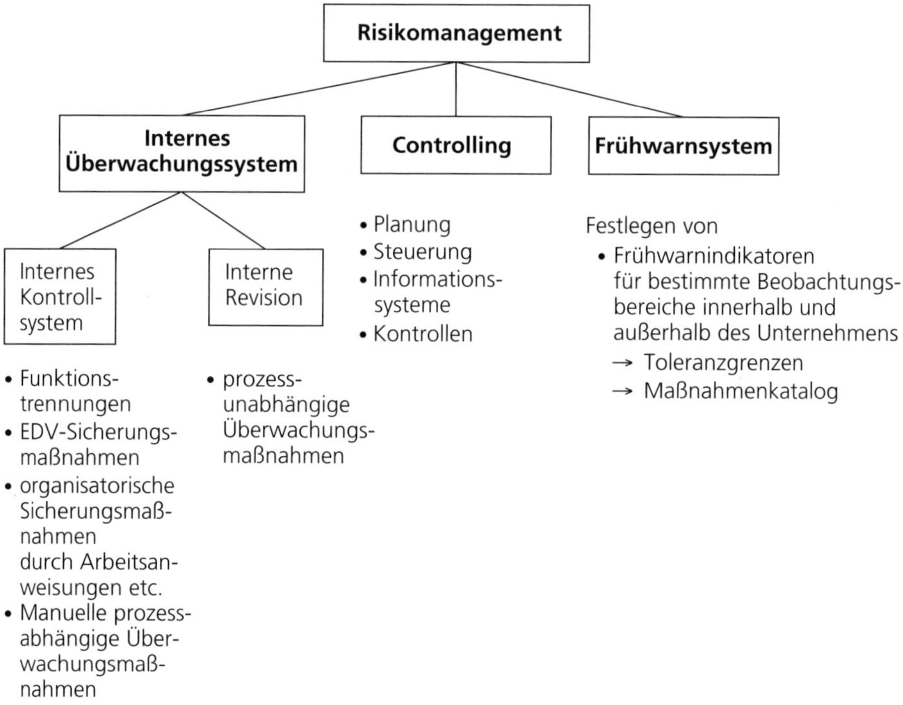


**Abb. 41:** Elemente eines Risikomanagementsystems

**Grundsatz der Funktionstrennung:**
Dieser Grundsatz verlangt, dass beispielsweise ein Mitarbeiter nicht alle Phasen eines Geschäftsvorfalls alleine freigeben kann.

**Organisatorische Sicherungsmaßnahmen in der EDV:**
Diese umfassen beispielsweise Zugriffsbeschränkungen auf Daten (z.B. Passwörter) oder den Schutz bestimmter Datenfelder.

**Organisatorische Sicherungsmaßnahmen durch Arbeitsanweisung:**
Hiermit sind beispielsweise Organisationspläne mit Festlegung der Kompetenz- und Verantwortungsverteilung innerhalb der Organisation, sowie Zahlungs- und Investitionsrichtlinien gemeint.

**Sicherungsmaßnahmen durch innerbetriebliches Belegwesen:**
Hierunter fällt die Festlegung von einheitlichen Standards, die das innerbetriebliche Belegwesen koordinieren (Gestaltung des Belegflusses sowie Sicherung der Belegablage).

!

Mit dem Internen Überwachungssystem verfolgt das Sozialunternehmen das Ziel, die Risiken im betrieblichen Prozess zu steuern und zu überwachen. Es beinhaltet die organisatorischen Sicherungsmaßnahmen, die Interne Revision sowie ein internes Kontrollsystem.

### *5.1.2 Controllingsystem*

Als Controlling bezeichnet man die zielorientierte Planung, Informationsversorgung, Überwachung und Steuerung der Unternehmensorganisation. Es wurde bereits darauf hingewiesen, dass die Daten des Controllings eine wichtige Entscheidungsgrundlage für das Management darstellen. Im Rahmen des Risikomanagements hat das Controlling die Aufgabe den Risikomanagementprozess zu unterstützen.

**Risiko-Controlling**

Aufgrund der speziellen Anforderungen an das Risiko-Controlling ist es zwingend erforderlich, dass Verantwortlichkeiten innerhalb der Organisation klar geregelt sind. Zudem ist festzulegen, welche Maßnahmen bei Überschreitung der Risikogrenzen ergriffen werden. Besonders hervorgehoben wird die Existenz eines konkreten Maßnahmenplans, welcher festlegt, wie bei einem Überschreiten von Risikoschwellen zu reagieren ist. Ein kontinuierliches Berichtswesen

**Tab. 22:** Beobachtungsbereiche und Frühwarnindikatoren

| BEOBACHTUNGSBEREICHE | FRÜHWARNINDIKATOREN |
|---|---|
| Tarifentwicklung | z. B. Anstieg der Löhne und Gehälter im Vergleich zum Vorjahr (in %) |
| Mitarbeiterqualifikation | z. B. Anteil der Fachkräfte mit spezifischen Examina |
| Mitarbeitermotivation | z. B. Fluktuationsrate |

in Verbindung mit einem Risikoinformationssystem komplettiert das Risiko-Controlling.

!

Im Rahmen des Risikomanagements ist eine kontinuierliche Informationsversorgung des Managements zum Zwecke der Erkennung von Risiken im laufenden Geschäftsbetrieb anzustreben. Je ausgereifter das Controlling ist, desto besser sind Identifikation, Bewertung und Steuerung von Risiken möglich.

### *5.1.3 Frühwarnsystem*

**Risiken reduzieren**

Das Frühwarnsystem umfasst Instrumente, die Risiken für ein Unternehmen so rechtzeitig identifizieren sollen, dass Reaktionen zur Abwehr der Risiken noch möglich sind. Die Kernaufgabe des Frühwarnsystems ist die Erkennung und Operationalisierung von Risiken sowie deren Bewältigung. Die Risikofrüherkennung soll das Management in die Lage versetzen, Unternehmensrisiken auf ein bewusst akzeptiertes „Restrisiko" (Unternehmerrisiko) zu reduzieren. Mit Hilfe eines Frühwarnsystems sollen durch eine mehr oder minder systematische Auswertung von Informationen für ausgewählte Beobachtungsbereiche maßgebliche Entwicklungen (z.B. in der Sozialpolitik) frühzeitig erkannt und Toleranzgrenzen festgelegt werden.

Von besonderer Bedeutung beim Aufbau eines Frühwarnsystems ist die Festlegung von Beobachtungsbereichen. Solche Beobachtungsbereiche können beispielsweise die Tarifentwicklung, die Mitarbeiterqualifikation oder die Mitarbeiterzufriedenheit sein (Tab. 22).

Für jeden Beobachtungsbereich sind Frühwarnindikatoren (z.B. Kennzahlen) zu bestimmen, die Gefährdungen oder kritische Entwicklungen in dem jeweiligen Bereich frühzeitig signalisieren sollen. Um die kritischen Entwicklungen in den Beobachtungsbereichen erkennen zu können, sind Sollwerte und Toleranzgrenzen für die einzelnen Indikatoren festzulegen, bei deren Überschreitung eine Warnmeldung erfolgen soll.

Mit Hilfe eines Frühwarnsystems wird versucht, bestimmte strategische Frühwarnindikatoren zu identifizieren. Frühwarnsysteme sind Instrumente, die Risiken für ein Unternehmen so rechtzeitig identifizieren, dass Reaktionen des Unternehmens zur Abwehr von Risiken noch möglich sind.

## 5.2 Risikomanagementprozess

Der Risikomanagementprozesse beinhaltet mehrere Phasen, die in Abbildung 42 dargestellt sind.

### *5.2.1 Risikoidentifikation*

Zur Vorbereitung auf die Risikoanalyse sollte regelmäßig (z.B. jährlich) eine Risikoinventur stattfinden. Im Rahmen der Risikoinventur werden die für die Geschäftsfelder relevanten Risikobereiche ermittelt. Auch hier kann zwischen internen und externen Risiken unterschieden werden. Beispiele für Risikobereiche sind:

**Wettbewerbsrisiko**

- Inländischer Wettbewerb
- Privater Wettbewerb
- Europäischer Wettbewerb
- Internationaler Wettbewerb

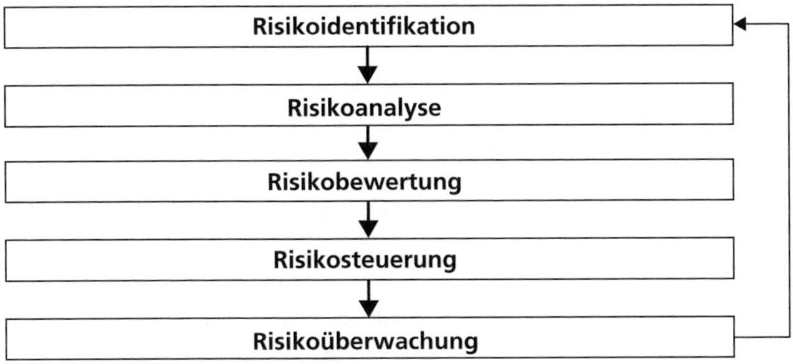


**Abb. 42:** Phasen des Risikomanagements

**Rechtliche Risiken**

- Veränderte gesetzliche Vorgaben
- Rechtssprechung
- Europäisches Recht

**Liquiditätsrisiken**

- Veränderte Zahlungsbedingungen
- Neue Kreditvergaberichtlinien der Banken

**Betriebsrisiko**

- Fehlerhafte Betreuung
- Fehlerhafter Informationsfluss
- Mangelnde Dokumentation

**Erfüllungsrisiko**

- Vertragspartner zahlen erbrachte Leistungen nicht oder nicht vollständig
- Freie Finanzierung von Immobilien

**Personalrisiko**

- Nicht zu besetzende Stellen
- Personelle Ausfälle

Die einzelnen Risikobereiche werden im weiteren Prozess den jeweiligen Risikobeobachtern zugeordnet. Aufgabe des Risikobeobachters ist es, die Veränderungen in seinem Risikobereich im Blick zu behalten.

### *5.2.2 Risikoanalyse*

Ziel der Risikoanalyse ist die Ermittlung und Erfassung der Entwicklungen in den unternehmerischen Risikobereichen. Dazu ist eine systematisierte Risikobeobachtung in verschiedenen Marktbereichen und Organisationseinheiten nötig.

Die Risikobeobachter sind für die Überwachung der Einzelrisiken in ihrem Risikobereich verantwortlich. Sie prüfen, ob vorhandene Einzelrisiken an Relevanz verlieren oder neue hinzukommen.

Ziel der Risikoanalyse ist es, die Leitung eines sozialen Unternehmens über Risikoveränderungen rechtzeitig und umfassend zu informieren.

### *5.2.3 Risikobewertung*

Die Risikobewertung wird durch die jeweiligen Risikobeobachter in ihren Risikofeldern vorgenommen. Sie erfolgt in drei Schritten:

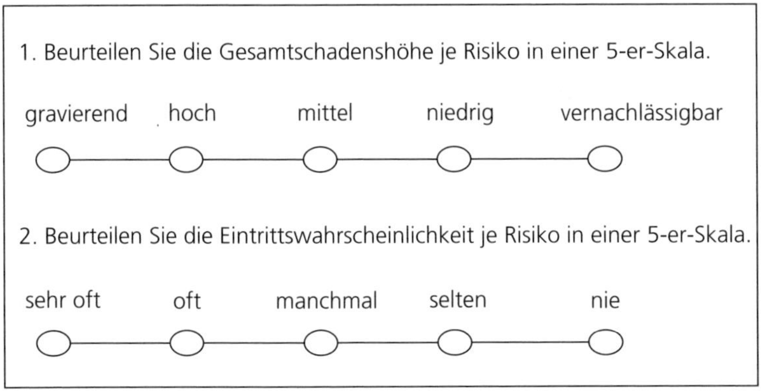


**Abb. 43:** Eintrittswahrscheinlichkeit und Schadenshöhe

- **Schadenshäufigkeit:** der Risikobeobachter schätzt die Häufigkeit des Schadens auf einer Skala (z. B. von eins [nie] bis fünf [sehr häufig]) ein
- **Schadensausmaß:** der Risikobeobachter schätzt das Schadensausmaß auf einer Skala (z. B. von eins [sehr gering] bis fünf [sehr hoch] ein
- **Risikograd:** der Risikograd ergibt sich aus der multiplikativen Verknüpfung von Schadensausmaß und Schadenshäufigkeit

Die Risikobeobachter nehmen für jeden Risikobereich eine Einstufung nach Eintrittswahrscheinlichkeit (Schadenshäufigkeit) und Schadenshöhe vor (Abb. 43).

**Schwellenwert**

Zur Konzentration auf die relevanten kritischen Risiken kann ein genereller Schwellenwert (z. B. 16 Punkte) festgelegt werden. Sobald dieser Wert erreicht wird, erstellt der Risikobeobachter einen Warnbericht. In dem Warnbericht bezieht er zur Entwicklung der Einzelrisiken im Risikogebiet Stellung (Tab. 23).

Im Rahmen der Risikobewertung ist besonderes Augenmerk auf schwerwiegende oder gar existenzgefährdende Verlustpotenziale zu legen. Die Ergebnisse der Risikobewertung müssen kontinuierlich erfasst und im Rahmen der Berichterstattung zeitnah an die Entscheidungsträger weitergeleitet werden.

### *5.2.4 Risikosteuerung*

Zur Kernaktivität des Risikomanagements zählt die Steuerung der entscheidenden unternehmerischen Risiken, die Risikosteuerung. Die steuerungsbedürftigen Risiken sind durch Risikoüberwälzungsmaß-

**Tab. 23:** Risikoschwellenwerte und Warnbericht

| | EINTRITTS-WAHR-SCHEIN-LICHKEIT | SCHADENS-AUSMASS | POTEN-ZIELLER SCHADEN | SCHWELLEN-WERT | WARN-BERICHT |
|---|---|---|---|---|---|
| Steigende Personalkosten, die nicht in den Erlösen refinanziert sind | 5 | 4 | 20 | 16 | ja |
| Zunehmende freie Finanzierung von Gebäuden mit Verlagerung des Betriebsrisikos | 5 | 3 | 15 | 16 | nein |
| Fehlerhafte Dokumentation führt zu finanziellen Sanktionen | 3 | 2 | 6 | 16 | nein |
| Sinkende Entgelte wegen leerer Kassen | 4 | 5 | 20 | 16 | ja |
| Sinkende Entgeltanteile für Regiekosten | 2 | 5 | 10 | 16 | nein |

nahmen zu reduzieren, zu vermeiden oder selbst zu tragen. Die Maßnahmen lassen sich wie folgt unterteilen:

- Risikovermeidung: alle risikobehafteten Unternehmensaktivitäten werden ausgeschlossen; es entsteht kein Risiko
- Risikoreduzierung: Eintrittswahrscheinlichkeit und Höhe des Vermögensverlustes werden verringert; vor allem Risiken aus menschlichem Fehlverhalten sollen reduziert werden
- Risikoüberwälzung: in diesem Fall wird das Risiko auf andere Unternehmen übertragen
- Risikokompensation: das Unternehmen übernimmt die Risiken selbst und geht ein gegenläufiges positives Geschäft ein (z. B. Hedging)

Im Rahmen der Risikosteuerung werden strategische Lösungsideen erarbeitet und in der Unternehmensführung diskutiert. Die Verantwortung für die Risikosteuerung ist über den normalen Managementprozess abzubilden und verbleibt bei der Leitung. Mit Hilfe eines Risikoportfolios können potenzielle Schadenshöhe und Eintrittswahrscheinlichkeiten visualisiert werden (Abb. 44).

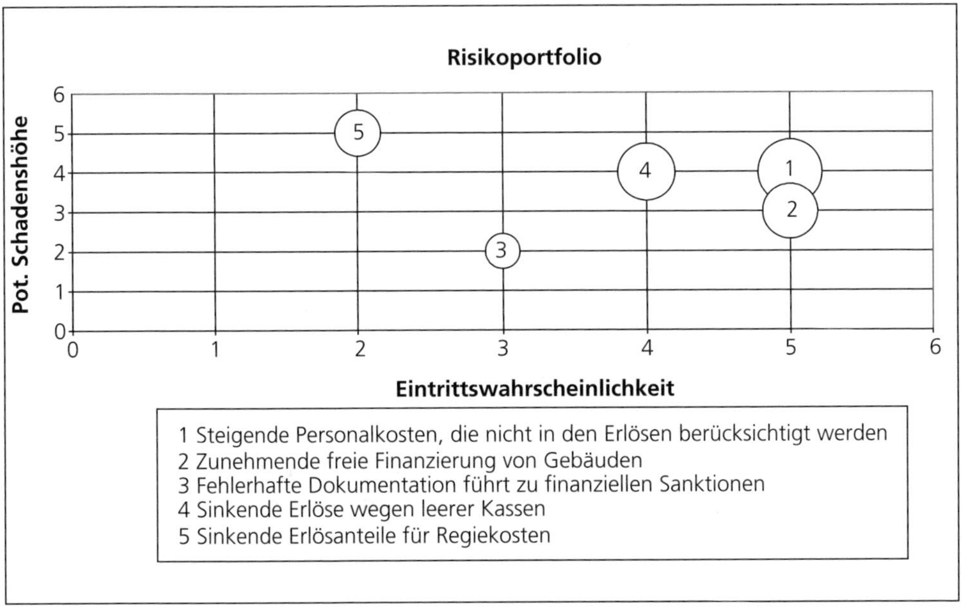


**Abb. 44:** Risikoportfolio

Gegenstand der Risikosteuerung ist die aktive Beeinflussung der identifizierten und analysierten Risiken.

## *5.2.5 Risikoüberwachung*

Ziel der Risikoüberwachung ist die kontinuierliche Überprüfung von Wirksamkeit und Angemessenheit der eingeleiteten Maßnahmen sowie der organisatorischen Strukturen. Von besonderer Bedeutung bei der Risikoüberwachung ist das Risikoberichtswesen. Das Risikoberichtswesen kann in eine jährliche Standardauswertung und eine Warnmeldung der Risikobeobachter gegliedert werden.

Aufgabe der Standardauswertungen ist es, die Unternehmensleitung einmal im Jahr über alle wesentlichen Entwicklungen in den Risikofeldern zu informieren.

Mit diesen Informationen werden strategische Entscheidungen vorbereitet und Kontrollorgane über die aktuelle Risikoentwicklung informiert. Die Ergebnisse können dann beispielsweise für Verhandlungen mit Banken genutzt werden.

Bei Überschreiten der Warngrenzen sind alle relevanten Daten, Kennzahlen und sonstige Markt- und Organisationsinformationen zeitnah bereitzustellen. Dadurch wird die Aufmerksamkeit auf Sachverhalte gelenkt, die dringend eine unternehmenspolitische Entscheidung erfordern.

Die Risikoüberwachung soll dazu beitragen, Schwachstellen und Defizite im Rahmen der Risikoidentifikation, Risikoanalyse, Risikobewertung und Bearbeitung von Risiken aufzudecken.

Finke (2005): Grundlagen des Risikomanagements: Quantitatives Risikomanagement – Methoden für Einsteiger und Praktiker

Keitsch (2004): Risikomanagement

Schmitz / Wehrheim (2006): Risikomanagement. Grundlagen – Theorie – Praxis

Wolf / Runzheimer (2003): Risikomanagement und KonTraG. Konzeption und Implementierung

# 6 Finanzierung

Aufgrund demografischer Veränderungen, der Entwicklung neuer Wohnformen und einer oftmals instandhaltungsbedürftigen Bausubstanz besteht in vielen Einrichtungen der Sozialwirtschaft ein erheblicher Modernisierungsbedarf. Dies stellt Verbände, Träger und Einrichtungen vor die Herausforderung, die Finanzierung dieser Investitionen sicherzustellen.

Die Kreditaufnahme gilt als klassisches Finanzierungsmodell. Durch die Abnahme öffentlicher Förderungen sind immer mehr Einrichtungen auf Fremdkapital angewiesen. Neben dem klassischen Bankkredit existieren in der Sozialwirtschaft neue Finanzierungsformen, die in der Privatwirtschaft schon seit Längerem etabliert sind.

Zu Beginn dieses Kapitels werden Stiftungen als Instrument des Fundraisings kurz erläutert. Anschließend wird das Investor-Betreiber-Modell veranschaulicht. Als eine besondere Form gilt das Konzept der Public Private Partnership bzw. der Public Social Private Partnership.

Den Abschluss bildet die Finanzierung durch einen Immobilienfond, sowohl in der Variante der externen Fondsgesellschaft als Investor als auch der Gründung einer eigenen Fondsgesellschaft. Den Abschluss bilden die mezzaninen Finanzierungsformen.

## 6.1 Klassische Finanzierung

Eine Kreditaufnahme ist, abgesehen von den harten betriebswirtschaftlichen Fakten, vor allem ein auf Vertrauen basierendes Geschäft. Hier liegen die Chancen, aber auch die Risiken für Einrichtungen der Sozialwirtschaft.

Die Bewilligung eines Kredits kann durch gezielte Vorbereitung und durch langfristig geplante und gepflegte Bankbeziehungen beeinflusst werden (Abb.45).

Dabei ist nicht nur entscheidend, dass das Sozialunternehmen seine Konten ordnungsgemäß führt. Auch die Beziehungspflege zur Bank

**Abb. 45:** Erfolgsfaktoren der Kreditaufnahme

und vor allem die betriebswirtschaftliche Professionalität der Einrichtung spielen eine Rolle.

**Basel II**

Die neuen Richtlinien für Banken (Basel II) verpflichten Kreditinstitute, ihre Kredite nach Risikograden zu vergeben. Um Einrichtungen in Risikogruppen einzuteilen, nehmen Banken Ratings vor, die die Höhe der Kreditzinsen bestimmen. Ratings sind Zeugnisse, in denen die Bonität von Schuldnern benotet wird. Für soziale Unternehmen mit schlechter Bonität werden Kredite zukünftig teurer. Ratings werden sowohl von kreditgebenden Banken als auch von Rating-Agenturen durchgeführt.

!

Die Revision der internationalen Eigenkapitalregeln „Basel II" verpflichtet Banken, ihre Eigenkapitalhinterlegung abhängig von der Bonität der Schuldner zu gestalten. Ziel ist eine Abkehr von der pauschalen Bewertung des Kreditrisikos hin zu einer Berücksichtigung der Qualität der einzelnen Kredite.

Seit der Einführung von „Basel II" wächst in der Sozialwirtschaft die Sorge vor schlechteren Kreditkonditionen. Doch die neuen Bestimmungen beinhalten auch Chancen für die Sozialwirtschaft. Für Organisationen, die betriebswirtschaftlich professionell arbeiten, können sich unter Umständen die Kreditkosten reduzieren.

**„harte" Faktoren**

Die eingesetzten Rating-Verfahren sind meist ähnlich strukturiert. Der erste Teil befasst sich mit den „harten" Faktoren des Unternehmens. Die Zahlen der Bilanz und GuV werden einer quantitativen Analyse unterzogen. Darauf folgt eine allgemeine qualitative Analyse.

Die Fragen des Ratings beziehen sich auf verschiedene Managementbereiche des Unternehmens. Themen können beispielsweise die

Kontoführung der Einrichtung, die Managementqualität, die Professionalität des Controllings oder auch die Qualität der Planungsdaten sein. Zur quantitativen Analyse (Bilanz, GuV) zählen

- die Kapitalstruktur,
- die Liquidität,
- die Profitabilität,
- die Kapitaldienstfähigkeit,
- das Wachstum.

Es werden detaillierte Informationen zur aktuellen Situation des Unternehmens ausgewertet. Von Relevanz sind beispielsweise Daten zur betriebswirtschaftlichen Auswertung, zur Entwicklung von Umsatzzahlen und zu Forderungsbeständen.

**„weiche" Faktoren**

Im qualitativen Teil werden die „weichen" Faktoren abgefragt. Interessant sind Sachverhalte, die in der Kundenverbindung eine wichtige Rolle spielen. Zur qualitativen Analyse gehören

- die Kontoführung (Wie lange ist das Unternehmen schon Kunde? Wird das Konto regelmäßig überzogen?);
- die betriebswirtschaftliche Auswertung und Unternehmensplanung (regelmäßiger Soll-Ist-Vergleich für Kosten und Erträge);
- der Jahresabschluss (Wie zeitnah erfolgt der Jahresabschluss?);
- das Management (betriebliche, persönliche und wirtschaftliche Qualifikationen);
- Markt bzw. Branche (Verhältnis zwischen Angebot und Nachfrage, politische Rahmenbedingungen) sowie
- die staatliche Lenkung (öffentliche Förderungsfähigkeit, Abhängigkeitsverhältnisse von Transferzahlungen, Zuschüssen etc.).

Außerdem wird untersucht, ob Instrumente der strategischen und operativen Planung vorhanden sind. Beispielsweise wird im Rating gefragt, ob ein Liquiditätsplan, ein Wirtschaftsplan oder ein Investitionsplan vorliegt.

**Branchenspezifik**

Der dritte Teil der Analyse geht auf die branchenspezifischen Belange ein. Folgende Aspekte können bei den branchenspezifischen Besonderheiten von Bedeutung sein:

- Wettbewerb (Besteht ein Nachfrageüberhang? Ist eine Warteliste vorhanden? Sind weitere Bauvorhaben bekannt?)
- Managementaktivitäten (Existiert eine klare Organisationsstruktur und Personalplanung?)
- Leistungsqualität (Existiert ein QM-System zur Verbesserung der Qualität?)
- Effizienz (Wird wirtschaftlich gearbeitet?)
- Mitarbeiter (Welche fachlichen Qualifikationen sind vorhanden?)

- Abhängigkeit (Bestehen Mietverträge mit langen Laufzeiten?)
- Lobby (Ist die Einrichtung an einen Spitzenverband angeschlossen?)
- sonstige Kriterien (z. B. Existieren innovative Projekte?)

Die Finanzierung befindet sich auch im Bereich der Sozialwirtschaft im Umbruch. Die aktuellen Entwicklungen fordern von sozialen Unternehmen zunehmende Transparenz und die Veröffentlichung von aussagekräftigen Unternehmensinformationen über Bonität und Zukunftsperspektiven.

## 6.2 Neue Finanzierungsformen

Durch den Rückzug der öffentlichen Hand aus der Investitionsförderung suchen viele Einrichtungen nach neuen Finanzierungsformen. Ein Bereich, der sich weiter professionalisiert, ist das Fundraising. Fundraising beinhaltet alle Maßnahmen, die soziale Unternehmen ergreifen, um den Zufluss der für die Funktionsfähigkeit und Existenzerhaltung erforderlichen Ressourcen – insbesondere der Finanzmittel – sicherzustellen.

**Fundraising**

Zum Fundraising zählen die systematische Generierung von Fördermitteln, die Gewinnung von Sponsoren oder auch das Erbschaftsfundraising. Schließlich bietet sich auch die Stiftungsgründung als eine Form des Fundraisings an.

### *6.2.1 Stiftungen*

Für immer mehr Einrichtungen stellen Stiftungen eine gute Möglichkeit dar, Mittel zu generieren und langfristig die Finanzierung ihrer Dienstleistungen sicherzustellen. Stiftungen fördern überwiegend Projekte oder vergeben Stipendien (so genannte Förderstiftungen).

Förderstiftungen ermitteln ihren satzungsmäßigen Zweck dadurch, dass sie mit den Erträgen, die sie aus dem Stiftungsvermögen sowie ggf. durch Spenden erzielen, Dritte (Personen, Einrichtungen, Institutionen) unterstützen.

Mittlerweile gründen viele gemeinnützige Organisationen Förderstiftungen, da diese zahlreiche Vorteile bieten:

**neue Spenderkreise**

Das Instrument der Stiftung ist geeignet, um neue Spenderkreise zu erschließen, da es in der Lage ist, dem Stifter, Zustifter bzw. Spender Vorteile zu gewähren, die nur in dieser Rechtsform möglich sind:

- steuerliche Vorteile
- eigene Namensstiftung
- Erhalt des eingebrachten Vermögens

**Image**

Stiftungen genießen hohes Ansehen. Umfragen zeigen, dass die Mehrheit der Bundesbürger der Meinung ist, dass Stiftungen gemeinwohlorientierte Aufgaben übernehmen und gesellschaftliche Verantwortung tragen sollen.

**Steuern**

Die steuerliche Begünstigung stellt im Hinblick auf die Einwerbung von Spendern bzw. Zustiftern möglicherweise den wichtigsten Faktor dar (z.B. keine Erbschafts- bzw. Schenkungssteuern).

**Finanzierung und Planungssicherheit**

Der Vorteil von Stiftungen gegenüber Spenden ist, dass sie sozialen Organisationen langfristige Finanzierungsmöglichkeiten geben. Während eine Spende bei gemeinnützigen Einrichtungen zeitnah verwendet werden muss, kann mit den Erträgen des Stiftungskapitals dauerhaft geplant werden. Durch die regelmäßige Ausschüttung der Erträge wird ein hohes Maß an Planungssicherheit erreicht.

**Unabhängigkeit**

Durch die immer dringendere Anforderung, die soziale Arbeit nach betriebswirtschaftlichen Kriterien zu organisieren, entsteht eine Gratwanderung zwischen dem kostendeckenden Wirtschaften und der gleichzeitigen Verfolgung ideeller Ziele. Für dieses Spannungsfeld stellt die Stiftung eine Institution dar, die die Grundlagen der ideellen Arbeiten unabhängig von wirtschaftlichen Erfordernissen sichern kann. Hinzu kommt, dass die Stiftung kaum politischer Einflussnahme unterworfen ist, sodass sie vonseiten der Politik nicht instrumentalisiert werden kann.

**Stabilität**

Das Grundstockvermögen sichert die Unabhängigkeit von Mitgliedern. Lähmende Interessenkonflikte wie beispielsweise in Vereinen sind weitaus seltener. Der Wille der Stifters bzw. der in der Satzung festgeschriebene Zweck ist die höchste Instanz einer Stiftung und in allen Entscheidungsfällen maßgeblich.

!

Die Vergabe von Mitteln durch Stiftungen ist mit geringem formalem Aufwand verbunden. Ressourcen können in einer Stiftung erfolgreich akquiriert werden.

### 6.2.2 *Investor-Betreiber-Modell*

In jüngerer Zeit werden Investor-Betreiber-Modelle auch in der Sozialwirtschaft zur Finanzierung genutzt. Das Investor-Betreiber-Modell beschreibt die Aufgabenverteilung unter den Vertragspartnern: der eine investiert, der andere betreibt.

Ein Investor verpflichtet sich, das Investitionsobjekt zu planen, betriebsfertig zu erstellen, zu warten und die Finanzierung sicherzustellen. Dabei können die jeweiligen Rechte und Pflichten individuell festgelegt werden:

- Zahlung der Versicherung für das Gebäude
- Übernahme der Instandhaltung von „Dach und Fach"
- Konsequenzen im Falle der Insolvenz des Betreibers

Wenn man sich als Betreiber für diese Finanzierungsform interessiert, muss man sich über die gesetzlichen Bestimmungen des jeweiligen Bundeslandes informieren.

**Förderregelungen**

Folgende Förderregelungen haben Einfluss auf die Gestaltung des Modells:

- Subjekt- bzw. Objektförderung
- Anerkennung der Kosten für den Erwerb und die Erschließung von Grundstücken
- Verteilung der Investitionsfolgekostensätze bzw. der Belegung
- Höhe der anzuerkennenden Instandhaltungskosten
- vorgegebene AfA
- anerkennungsfähige Miete
- Begrenzung der Aufwendungen auf die Höhe der Eigenkosten

**Gestaltung**

Es gibt zwei Möglichkeiten für die Gestaltung eines Investor-Betreiber-Modells:

- der Investor kommt von außen und ist rechtlich vollkommen unabhängig
- der Investor ist ein Tochterunternehmen des Betreibers

**Vertragspartner**

Auch die Anzahl an Vertragspartner kann verschieden sein:

- Vertrag zwischen einem Investor und dem Betreiber
- Vertrag zwischen mehreren Investoren und dem Betreiber

**schlüssel- oder löffelfertig**

Darüber hinaus kann mit dem Investor auch darüber verhandelt werden, ob das Objekt

- „schlüsselfertig" oder
- „löffelfertig" (inklusive Inventar) angemietet werden soll.

Für die Finanzierung des Inventars ist alternativ ein Leasing des Inventars möglich oder der Betreiber kauft über seine Servicegesellschaft das Inventar (vorsteuerabzugsfähig) und verleast es mit Gewinn an den (eigenen) Betreiber, beispielsweise über einen Heimausstattungsmietvertrag.

**rechtliche Trennung**

In vielen Fällen ist eine rechtliche Trennung zwischen Investor und Betreiber sinnvoll, da die Kostenträger andernfalls die Refinanzierung so ausrichten, als wären 20 % Eigenkapital vorhanden (abhängig vom Bundesland). Die Konsequenz daraus ist, dass für dieses angenommene Eigenkapital auch nur die banküblichen Zinsen berechnet werden, und somit dem Unternehmen bei einer Fremdfinanzierung eine Lücke entsteht.

Bei der Gestaltung des Pachtvertrags ist darauf zu achten, dass eine lange Vertragslaufzeit mit dem Investor vereinbart wird. Nur so kann für den Betreiber Planungssicherheit erreicht werden.

Die Instandhaltung von „Dach und Fach" ist durch den Investor zu gewährleisten, denn diese Kosten lassen sich für den Pächter nur schwer refinanzieren. Die Höhe der Pacht sollte davon abhängig gemacht werden, wie hoch der Investitionskostensatz gemäß der Vereinbarung mit dem Kostenträger ist.

### *6.2.3 Public Social Private Partnership*

Public Social Private Partnership ist eine Form der Partnerschaft zur Planung, Finanzierung und Realisierung von Produkten und Dienstleistungen im sozialen Bereich.

**Kennzeichnung der Modelle**

Folgende Elemente kennzeichnen Public Social Private Partnership-Modelle:

- längerfristig oder auf Dauer angelegte Interaktion zwischen Sozialwirtschaft, öffentlicher Hand und Akteuren aus dem privaten Sektor
- die Ziele und Nutzenerwartungen der beteiligten Partnerunternehmen und Organisationen sind miteinander kompatibel (Partnerschaftsprinzip 1)
- Ressourcenzusammenführung zur gemeinsamen Finanzierung (Partnerschaftsprinzip 2)
- Schaffung von Synergiepotenzialen (Partnerschaftsprinzip 3)
- Erhaltung der Identität der Partnerunternehmen und Organisationen
- Beachtung und Integration des ganzheitlichen Prozesses, der aus verschiedenen Teilmodulen besteht

Eine Public Social Private Partnership ist eine Partnerschaft zur Generierung von Finanzmitteln und sonstigen Ressourcen für Produkte und Dienstleistungen zur Verbesserung der Lebenssituation und Lebenschancen benachteiligter Menschen bzw. Menschengruppen.

In einer Public Social Private Partnership gibt es vor allem drei Bereiche:

**Finanzierung**

- die Sicherstellung der Infrastruktur für die Umsetzung sozialer Produkte und Dienstleistungen bzw. die Finanzierung der Entwicklung sozialer Produkte und Dienstleistungen

**Umsetzung**

- die Übernahme der Trägerfunktion, d. h. die Bedarfserkennung, Initiierung und Koordination von der Planung bis zur Errichtung und Betreibung

**Nachfrage**

- die Sicherung des Zahlungsflusses durch garantierte Abnahme der Produkte und Dienstleistungen (Investitionsplanungssicherheit)

Aufgrund der unterschiedlichen Kompetenzen der beteiligten Bereiche (öffentliche Hand, Privatwirtschaft, Sozialwirtschaft) gibt es Schwerpunkte in der Besetzung der Rollen (Abb. 46).

Zu Beginn einer Public Social Private Partnership steht das Erkennen einer sozialen Problematik durch ein sozialwirtschaftliches Unternehmen. So kann beispielsweise eine Organisation der Behindertenbetreuung feststellen, dass viele behinderte Menschen in ländlichen Regionen vor der Schwierigkeit stehen, dass Wohnort und möglicher Arbeitplatz zu weit voneinander entfernt sind.

Es wird eine Idee zur Lösung der Problemlage in Form einer arbeitsplatznahen betreuten Wohnmöglichkeit für behinderte Menschen entwickelt. Um die Umsetzung realisieren zu können, spricht das sozialwirtschaftliche Unternehmen ein Partnerunternehmen (z. B. eine Wohnungsbaugesellschaft) an, welche die Finanzierung übernehmen kann.

Des Weiteren wird eine Organisation der öffentlichen Hand (z. B. das Sozialamt) eingebunden, welche an der Erbringung der sozialen Dienstleistung interessiert ist. Diese garantiert den Zahlungsfluss durch die Abnahme der sozialen Leistung und ermöglicht dadurch eine risikoarme und damit kostengünstigere Finanzierung durch das privatwirtschaftliche Partnerunternehmen.

**Abb. 46:** Rollen in einer Public Social Private Partnership

| Sozialwirtschaft | Privatwirtschaft | Öffentliche Hand |
|---|---|---|
| Umsetzung | Finanzierung | Nachfrage |

Daraufhin plant das sozialwirtschaftliche Unternehmen die Umsetzung und lässt die notwendige Infrastruktur für das behindertengerechte und arbeitsplatznahe Wohnhaus errichten.

!

Eine Public Social Private Partnership ist ein Kooperationsmodell zur gemeinsamen Entwicklung und Erprobung von gemeinnützigen Produkten und Dienstleistungen. Die Finanzierung der Ressourcen erfolgt in einer Partnerschaft öffentlicher, privatwirtschaftlicher und sozialwirtschaftlicher Unternehmen.

### *6.2.4 Immobilienfonds*

Der Immobilienfonds stellt eine Finanzierungsmöglichkeit in zweierlei Hinsicht dar. Zum einen können die Investoren für ein Investor-Betreiber-Modell in einem Fonds das für die Investition benötigte Geld sammeln, zum anderen kann die soziale Einrichtung selbst durch Gründung einer Fondsgesellschaft Anleger suchen (Abb. 47).

Geeignet ist die Gründung einer Fondsgesellschaft für Träger mit vielen Mitgliedern, die einen Vertrauensvorschuss gewähren sowie für große Einrichtungen mit großem Investitionsvorhaben, die sich eine professionelle Investorensuche leisten können.

Auch bei einem Projekt mit großem regionalen Ansehen (z. B. dem Ersatzbau eines bekannten und beliebten Altenwohnheimes) kann man Anlegern die Gelegenheit geben „kleinere" Beträge in eine sozial akzeptable Immobilie zu investieren. Allerdings ist der Immobilienfonds vor allem auch eine Möglichkeit für kleinere Investitionsvorhaben, Mittel bei Mitgliedern, Familienangehörigen oder etwa Mitarbeitern zu sammeln.

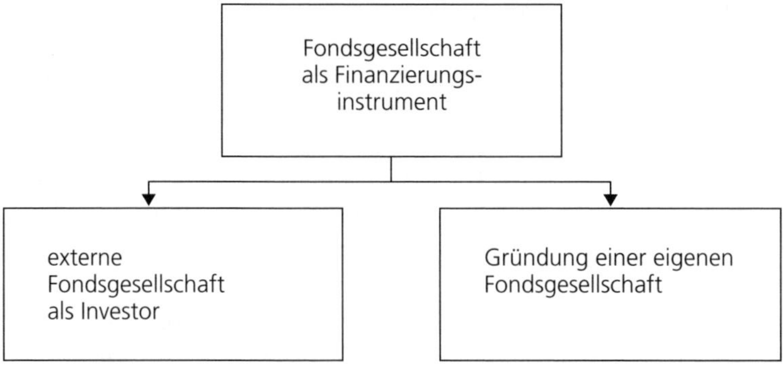


**Abb. 47:** Fondsgesellschaft als Finanzierungsinstrument

Die zweite Möglichkeit einen Immobilienfonds zur Finanzierung zu nutzen, ist die externe Fondsgesellschaft als Investor. Ein geschlossener Immobilienfonds ist eine Anlagegesellschaft, die eine Immobilie errichten oder erwerben möchte, um diese dann langfristig zu vermieten. Es gibt bei der Fondsgestaltung zwei verschiedene Ausrichtungen, die für unterschiedliche Anleger interessant sind. Der steuerorientierte Fonds basiert auf der Idee, durch die hohen Werbungskosten der Investitionsphase hohe Verlustzuweisungen und dadurch hohe Einkommenssteuerersparnisse für die Anleger zu erreichen.

Der ausschüttungsorientierte Fonds wird auch als rendite- oder eigenkapitalorientierter Immobilienfonds bezeichnet. Besonderes Merkmal sind hier die weitgehend steuerfreien Ausschüttungen. Zielgruppe ausschüttungsorientierter Fonds sind nicht nur Spitzenverdiener, sondern auch Anleger mit mittlerem Einkommen.

Diese Fondsart eignet sich nur bedingt für die Sozialwirtschaft, da keine überdurchschnittlichen Ausschüttungen erwartet werden können. Allerdings können durchschnittliche oder sogar niedrige Ausschüttungen durch ideelle Werte oder Sachausschüttungen ergänzt werden. Die Erfahrung aus dem ökologischen Bereich zeigt, dass es durchaus Anleger gibt, die bereit sind für einen ideellen Mehrwert auf finanzielle Werte zu verzichten.

!

Eine Finanzierung durch Immobilienfonds kann für soziale Unternehmen interessant sein, da Immobilienfonds ihre Mittel auch in Sozialimmobilien anlegen.

### *6.2.5 Mezzanine-Kapital*

Der Begriff „mezzanine“ kommt aus dem Italienischen und bedeutet „Zwischengeschoss“. Im Bereich der Unternehmensfinanzierung steht die Bezeichnung Mezzanine-Kapital für Finanzierungsformen, die bilanziell eine Stellung zwischen Eigen- und Fremdkapital einnehmen (Abb. 48).

Mezzanines Kapital ist keine neue Anlageklasse, sondern der Begriff fasst vielmehr die bilanzielle und haftungsrechtliche Wirkung einer Sammlung von herkömmlichen Finanzierungsmöglichkeiten zusammen.

Ein besonderes Merkmal von mezzaninem Kapital ist, dass es gegenüber „normalem“ Fremdkapital nachrangig ist. Im Falle der In-

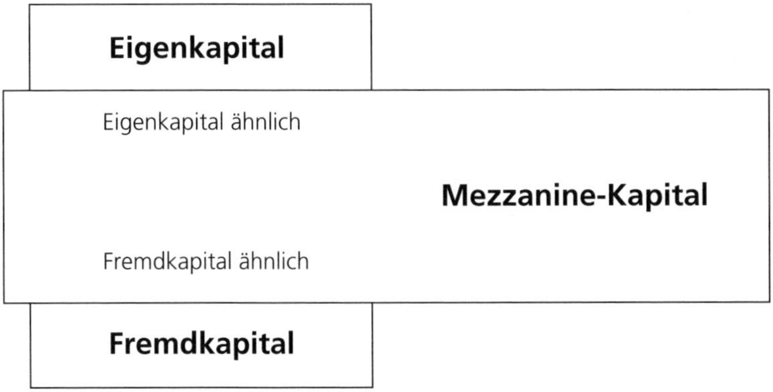


**Abb. 48:** Mezzanine-Kapital

solvenz eines Unternehmens werden erst alle Forderungen Dritter bedient, bevor die Mezzanine-Gläubiger befriedigt werden. Es gibt einige Merkmale, die den Mezzanine- Finanzierungsinstrumenten gemeinsam sind:

**Nachrangigkeit gegenüber anderen Gläubigern:** Mezzanine-Geber werden im Insolvenzfall erst nach den übrigen Gläubigern bedient. Wenn also durch die Insolvenz nach Bedienung der Gläubiger kein Kapital übrigbleibt, bekommen die Mezzanine-Geber nichts zurück. Es handelt sich also um haftendes Kapital, das dadurch Eigenkapitalcharakter erhält.

**Vorrangigkeit gegenüber reinem Eigenkapital:** Mezzanine-Geber werden im Falle einer Insolvenz vor tatsächlichen Eigenkapitalgebern bedient.

**Zeitliche Befristung der Kapitalüberlassung:** Mezzanine-Kapital wird immer zeitlich befristet zur Verfügung gestellt. Das heißt, im Gegensatz zum Eigenkapital, welches ohne Befristung im Unternehmen bleibt, wird für Mezzanine-Kapital von Anfang an ein Ende der Beteiligung vertraglich vereinbart. Diese Frist muss bei den Planungen unbedingt beachtet werden.

**Flexible und vielseitige Vertragsgestaltungen:** Nur wenige Punkte bei der Vertragsgestaltung sind gesetzlich nicht geregelt, sodass ein großer Verhandlungsspielraum bleibt. Variabel gestaltbar sind beispielsweise

- die Laufzeit,
- Kündigungsmöglichkeiten,
- Rückzahlungsmodalitäten,
- Gewinn- und Verzinsungsregelungen sowie
- die Verlustbeteiligung.

**Steuerliche Abzugsfähigkeit der Zinsen:** In der Regel mindern die Ausschüttungen analog zu den Kreditzinsen die Ertragssteuern. Sie sind im Jahresabschluss demnach als Aufwand zu verbuchen und mindern den ausgewiesenen und steuerpflichtigen Gewinn.

Für gemeinnützige Unternehmen sind diese Finanzierungsarten geeignet, wenn der Kapitalgeber lediglich Zinsen erhält, aber keine Gewinn- und Verlustbeteiligungen anfallen, und wenn es eine nicht gemeinnützige Zweckgesellschaft gibt, die als Kapitalnehmerin dazwischengeschaltet werden kann.

Der Vorteil dieser Finanzierungsarten ergibt sich für die Sozialwirtschaft aus den vielfältigen Gestaltungsmöglichkeiten. Die Herausforderung liegt darin, sich dieser Instrumente kreativ und innovativ zu bedienen. Jede Organisation hat die Möglichkeit, die für ihre Zwecke am besten geeignete Form zu finden.

Da die Zinshöhe bei mezzaninem Kapital im Regelfall höher ist als bei klassischen Krediten (Risikokapital für den Investor), gilt es, durch Verhandlungen so genannte soziale Abschläge zu erreichen.

Die Kapitalgeber müssen einen Nutzen aus der Investition ziehen, der über den monetären Gewinn hinausgeht. Dies kann zum Beispiel durch eine besonders soziale Ausrichtung gelingen oder durch eine regionale Bindung der Investoren an das Projekt. Möglich ist aber auch, eine zusätzliche Ausschüttung von Sachdividenden, beispielsweise in Form eines Wohnrechts, anzubieten. Kapitalgeber von Mezzanine-Kapital können beispielsweise Banken, Beteiligungsgesellschaften oder auch private Investoren sein. Mit Mezzanine-Kapital können Finanzierungslücken geschlossen werden, wenn:

- Sicherheiten für Kredite fehlen;
- der Grad der Fremdmittelverschuldung bereits sehr hoch ist;
- die Bonitätseinstufung gerade keine weitere Kreditaufnahme zulässt;
- das Rating-Ergebnis verbessert werden soll, um wieder bessere Bedingungen für die Fremdkapitalaufnahme zu erreichen;
- die Eigenkapitalbasis verbessert werden soll, ohne dass Gesellschaftsanteile abgegeben werden müssen und wenn
- in Verlustjahren keine Ausschüttung stattfinden soll.

Mezzanine-Kapital ist vor allem als „Hebel" für die Gesamtfinanzierung geeignet, wenn beispielsweise Sicherheiten für die Kreditaufnahme fehlen. Bei einem schlechten Rating-Ergebnis besteht die Möglichkeit, durch mezzanines Kapital die Einstufung zu verbessern. Hierdurch ergeben sich größere Spielräume für die Fremdkapitalaufnahme.

Bank für Sozialwirtschaft (Hrsg.) (2005): Finanzierungsprobleme und Finanzierungsmöglichkeiten in der Freien Wohlfahrtspflege

Halfar (Hrsg.) (1999): Finanzierung sozialer Dienste und Einrichtungen

Maelicke (2006): Finanzierung in der Sozialwirtschaft – Chancen und Risiken des Umbruchs

Vilain (2006): Finanzierungslehre für Nonprofit- Organisationen. Zwischen Auftrag und ökonomischer Notwendigkeit

# 7 Personalmanagement

Die Ressource „Personal“ verursacht nicht nur rund 75 % der Gesamtkosten vieler sozialwirtschaftlicher Unternehmen, sondern ist gleichzeitig ihr primärer Erfolgsfaktor. Die Erbringung sozialer Dienstleistungen ist abhängig von den jeweils handelnden Personen. Insofern kommt dem Management des „Personals“ eine entscheidende Bedeutung zu.

**Tarifbindung**

Angesichts der Kürzung staatlicher Mittel und vor dem Hintergrund eines stärkeren Wettbewerbs im Sozialbereich gewinnen gezielte Rekrutierungs- und Personalentwicklungsmaßnahmen zunehmend an Bedeutung. Voraussetzung für die Gewinnung und Bindung hoch qualifizierter und motivierter Mitarbeiter ist allerdings eine attraktive Vergütung. Die Vergütung in der Sozialwirtschaft ist bei vielen Einrichtungen noch immer von der Tarifbindung und damit von der Trägerschaft der sozialen Einrichtungen abhängig. Insbesondere Sozialunternehmen in kirchlicher Trägerschaft gehören dem Dritten Weg an, in dem die Kirchen ein eigenes kirchliches Arbeits- und Tarifrecht geschaffen haben (z. B. Arbeitsvertragsrichtlinien des Deutschen Caritasverbandes).

Für viele kommunale und freie Träger gilt der Tarifvertrag des öffentlichen Dienstes (TVÖD). Allerdings scheren immer mehr Sozialunternehmen aus der Tarifbindung aus, um im wachsenden

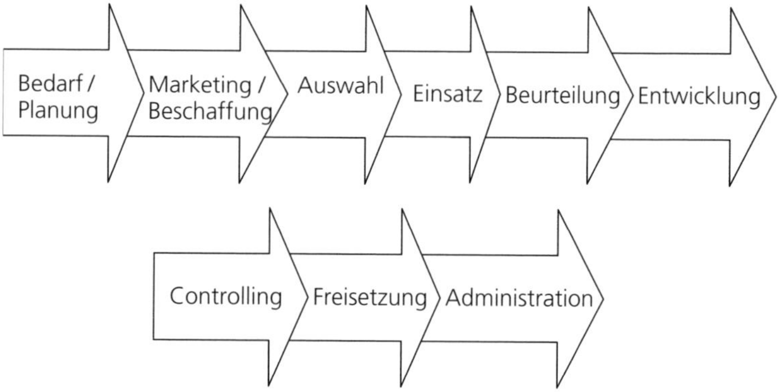


**Abb. 49:** Themenfelder des Personalmanagements

Wettbewerb, insbesondere mit freien, nicht tarifgebundenen Sozialunternehmen, nicht das Nachsehen zu haben. Die meisten Tarifwerke sehen mittlerweile auch leistungsorientierte Komponenten in der Vergütung vor, um Anreize zur Leistungssteigerung zu setzen.

Personalmanagement muss vor diesem Hintergrund professionell geplant und umgesetzt werden. Orientiert an den Hauptprozessen gliedert sich Personalmanagement in folgende Themenfelder (Abb. 49):

## 7.1 Personalplanung

In der integrierten Personalplanung werden der quantitative und qualitative Bruttopersonalbedarf aus der Unternehmensplanung abgeleitet. Der Nettopersonalbedarf ergibt sich aus der Abstimmung des Bruttopersonals mit dem Personalbestand, der dann zu Freisetzungsmaßnahmen, Personalentwicklungsmaßnahmen oder Beschaffungsmaßnahmen führt (Abb. 50).

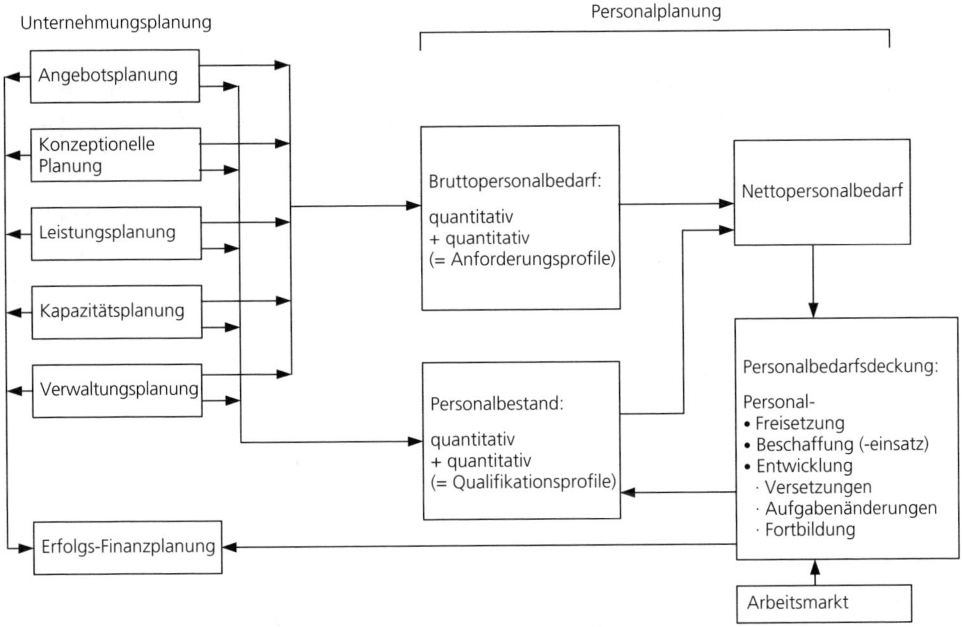


**Abb. 50:** Elemente der Personalplanung (in Anlehnung an Berthel 1980, 57)

**Tab. 24:** Komponenten des Personalbedarfs (in Anlehnung an Berthel 2000, 151)

| PERSONAL-BEDARFS-KOMPONENTE | Einflussfaktoren auf den Personalbedarf | Planungsgegenstand |
|---|---|---|
| QUANTITÄT | Wirtschaftliche Lage, Arbeitsdauer | Arbeitsvolumen |
| | Fluktuation | Ersatzhäufigkeit |
| | Niveau der Betriebs-organisation | Führungskräftebedarf |
| QUALITÄT | Arbeitsverfahren (z. B. Wohngruppen-konzepte) | Aufgabeninhalte |
| | Rationalisierungs-vorhaben | Aufgabenwandel |
| | Qualifikationsprofile (Mitarbeiter) | Soll-Qualifikationslücken |
| | Aus- und Fortbildungs-programme | Ist-Bestandsqualifikation |
| ZEIT | Altersaufbau | Zeitpunkt für Versetzung, Ersatz |

**Personalbedarf**

Zur Ermittlung des Personalbedarfs ist das Fluktuationsverhalten ebenso zu berücksichtigen wie die Veränderung der Betriebsorganisation sowie der Altersaufbau (Tab. 24).

Die qualitative Personalplanung erfolgt in Anforderungsprofilen, die in Soll-Qualifikationen niedergelegt werden. Den Soll-Qualifikationen werden die Ist-Qualifikationen der vorhandenen Mitarbeiter gegenübergestellt. Aus der Differenz ergibt sich dann die Notwendigkeit personeller Maßnahmen (z.B. Personalentwicklung). Beispiele für Soll-Qualifikationen von Führungskräften sind (in Anlehnung an Berthel 2000, 127):

- Interdisziplinäres Denken und Handeln
- Konzeptionelle Gesamtsicht
- Unternehmerisches Denken und Handeln
- Strategisches Denken und Handeln
- Konzeptionelles Denken und Handeln
- Menschenführung und Motivation
- Motivationsfähigkeit im Hinblick auf Ziele
- Umgang mit Mitarbeitern
- Kommunikationsfähigkeit (intern – extern)

- Kommunikationsbereitschaft
- Fähigkeit zur Informationshandhabung
- Marktorientierung
- Fachkompetenz
- Wirtschaftliches Grundverständnis
- Kreativität für neue Lösungen
- Lernfähigkeit und Flexibilität
- Entscheidungen treffen/Verantwortung übernehmen
- Kooperations- und Kompromissfähigkeit
- Organisationsfähigkeit
- Methodenwissen

!

Personalplanung hat das Ziel, die Deckung des Personalbedarfs für das soziale Unternehmen über einen bestimmten Zeitraum in quantitativer sowie qualitativer Hinsicht sicherzustellen und einen optimalen Einsatz der Mitarbeiter zu gewährleisten.

## 7.2 Personalbeschaffung und Personalmarketing

Mit Maßnahmen des Personalmarketings verfolgt das Sozialunternehmen mehrere Ziele. Zunächst soll ein gutes Image am Arbeitsmarkt aufgebaut werden (Profilierungsziel). Daneben sollen neue qualifizierte und passende Mitarbeiter gewonnen werden (Akquisitionsziel). Parallel dazu können mit Maßnahmen des Personalmarketings die Identifikation und Motivation der vorhandenen Mitarbeiter ausgebaut werden (Motivationsziel). Zu den Instrumenten des Personalmarketings zählen:

- Kontakte zu Universitäten, Fachhochschulen sowie anderen Ausbildungs- und Weiterbildungsinstitutionen;
- interne Maßnahmen der Personalentwicklung;
- Anzeigen und Inserate;
- Imagebroschüren, Flyer, Imagekampagnen, Stände, Messeteilnahmen (Hochschulmessen, Absolventenkongresse);
- der eigene Internetauftritt;
- Praktika bzw. Ferienjobs;
- Nachwuchsplanung.

Die Personalbeschaffung dient der internen oder externen Deckung des Personalbedarfs. Bei ihr wird zwischen interner und externer Beschaffung unterschieden (Tab. 25).

**Tab. 25:** Interne und externe Personalbeschaffung (in Anlehnung an Berthel 2000, 164)

| PERSONALBESCHAFFUNG | | | |
|---|---|---|---|
| **INTERN** | | **EXTERN** | |
| Mit Änderung bestehender Arbeitsverhältnisse:<br>• Versetzung<br>• Umschulung<br>• Übernahme von Auszubildenden<br>• Umwandlung von Teil- und Vollzeitarbeitsverhältnissen | Ohne Änderung bestehender Arbeitsverhältnisse:<br>• Überstunden<br>• Erhöhung des Qualifikationsniveaus (Personalentwicklung) | Abschluss neuer Arbeitsverträge<br>• Arbeitsvermittlung (privat, öffentlich)<br>• Anwerbung | Arbeitnehmerüberlassung:<br>• Personalleasing |

Zu den Instrumenten der Personalbeschaffung zählen:

- Arbeitsvermittler (Arbeitsagentur, private Vermittler, Personalberatungen),
- Direktansprache bzw. Abwerbung (Headhunting),
- Inserate in Printmedien oder Online-Stellenbörsen,
- Kontakte zu Schulen bzw. Hochschulen (Campus Recruiting): Fachvorträge, Anzeigen, Betriebsbesichtigungen, Praktikantenplätze, Diplomarbeiten,
- Messen,
- Personalleasing.

!

Grundlage für die Personalbeschaffung sind detaillierte Anforderungsprofile und Stellenbeschreibungen. Es gibt zahlreiche Möglichkeiten der internen und externen Personalsuche.

## 7.3 Personalauswahl

**Stellen- und Qualifikationsprofil**

Die Personalauswahl ist der Entscheidungsprozess, bei dem der bestqualifizierteste Bewerber für eine zu besetzende Stelle gesucht wird. Informatorische Grundlagen sind das Anforderungsprofil der Stelle (Stellenprofil) sowie die Qualifikationsprofile der Bewerber, die im Auswahlverfahren ermittelt werden.

Die Herausforderung besteht darin, in kurzer Zeitspanne für eine Menge von Bewerbern eine Bewertung vorzunehmen, die sich auf eine Vielzahl von Anforderungskategorien und Quellen bezieht:

**Faktoren des „Könnens“:** Eignung (Wissen, geistige Fähigkeiten, Persönlichkeitsmerkmale, wie Belastbarkeit und Konzentrationsvermögen), Arbeitskenntnisse (z.B. der Branche, des Einrichtungstyps oder der Leistungsangebote)

**Faktoren des „Wollens“:** persönlich verfolgte berufliche Ziele, mit der Arbeit verbundene Erwartungshaltungen (inhaltlich, persönlich, sozial, materiell)

Diese Kategorien werden aus zahlreichen Quellen gespeist:

- die zu übernehmende Aufgabe
- die eingesetzten Arbeitsverfahren und Arbeitsmittel (Pflege- und Betreuungskonzepte, Betreuungstechnologie)
- das interne Arbeitsumfeld (Kollegen, Vorgesetzte, Mitarbeiter, Firmenkultur)
- das externe Arbeitsumfeld (Klienten, Kooperationspartner, Öffentlichkeit)

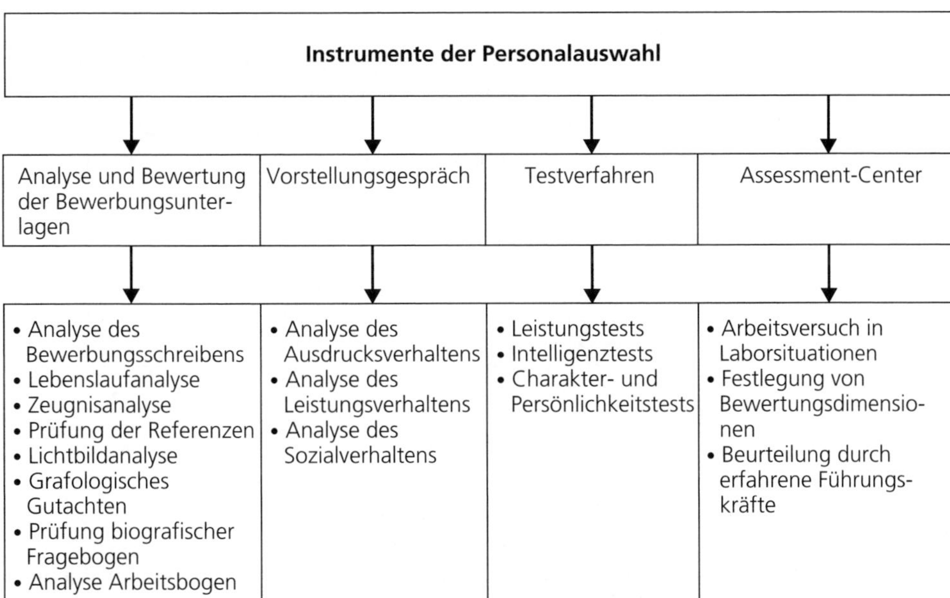


**Abb. 51:** Instrumente der Personalauswahl (in Anlehnung an Berthel 2000, 185)

**Beurteilungsverfahren**

Um in der schwierigen Auswahlsituation die richtige Entscheidung zu treffen, wählt man idealerweise eine Mehrzahl an Beurteilungsverfahren (z.B. Befragungen, Gutachten, Referenzen, Tests, Arbeitsproben, externe Experten; Abb. 51).

**Assessment-Center**

Im folgenden Abschnitt soll exemplarisch auf das Assessment-Center als Instrument der Personalauswahl eingegangen werden. Ein Assessment-Center weist folgende Merkmale auf:

- Die Bewerber durchlaufen gemeinsam eine ein- bis dreitägige workshopartige Veranstaltung, in der mehrere eignungsdiagnostische Verfahren kombiniert werden (Methodenvielfalt).
- Es werden mehrere Führungskräfte und interne bzw. externe Experten bei der Beurteilung hinzugezogen (Mehrfachbeurteilung).
- Es werden primär eignungsdiagnostische Verfahren eingesetzt, die die Qualifikation über die gezeigten Verhaltensweisen messbar machen sollen (Verhaltensorientierung).
- Die beurteilten (Verhaltens-) Anforderungen werden aus einer differenzierten Anforderungsanalyse abgeleitet (Anforderungsbezogenheit).

Zu den Methoden, die im Assessment-Center eingesetzt werden, zählen die Postkorbübung, führerlose Gruppendiskussionen, verschiedene Testverfahren (Persönlichkeits-, Intelligenztests), Interviews, Befragungen, Präsentationen, Simulation von Arbeitssituationen, Fallstudien sowie Plan- und Rollenspiele. Abbildung 52 veranschaulicht den Ablauf eines Assessment-Centers.

Neben der Personalauswahl lässt sich das Assessment-Center auch in der Personalentwicklung zur Potenzialdiagnostik einsetzen.

!

Die Personalauswahl gehört zu den zentralen Aufgaben des Personalmanagements. Das Eignungspotenzial des Bewerbers ist sorgfältig und differenziert hinsichtlich des ausgeschriebenen Tätigkeitsbereichs abzuklären. Das Assessment-Center ist das aufwändigste und zugleich aussagekräftigste Verfahren zur Personalauswahl.

## 7.4 Personalfreisetzung

Personalfreisetzung bedeutet die Reduzierung einer Personalüberdeckung, die in quantitativer, qualitativer, zeitlicher und örtlicher Hinsicht zu spezifizieren ist. Sie kann sowohl intern durch qualitative, zeitliche oder örtliche Anpassungsmaßnahmen als auch extern durch die Abgabe von Personal an den Arbeitsmarkt erfolgen. Mögliche Ursachen der Personalfreisetzung sind

**Ursachen**

- Änderung der Aufbau- und Ablauforganisation (z. B. Abbau von Hierarchien im Rahmen von Lean Management),
- mangelnde Leistungsbereitschaft und Leistungsfähigkeit von Mitarbeitern,
- Stilllegung von Einrichtungen oder Standortverlagerungen,
- strategische Neuausrichtung,
- Management- und Planungsfehler.

**Freisetzungsmaßnahmen beurteilen**

Mit der antizipativen Personalfreisetzungsplanung wird durch eine vorausschauende personalpolitische Strategie versucht, Personalüberdeckungen zu vermeiden. Der Einsatz weicher Freisetzungsmaßnah-

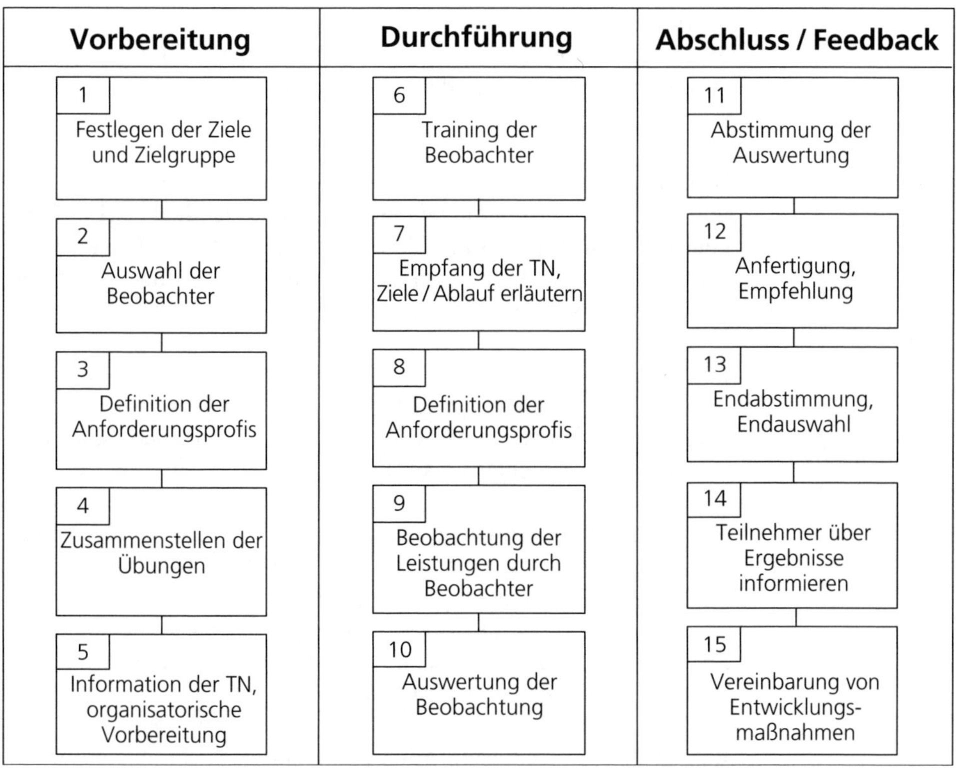


**Abb. 52:** Ablauf eines Assessment-Centers (in Anlehnung an Jeserich 1981, 35)

men (z.B. natürliche Fluktuation, Urlaubsgestaltung) kann negative Auswirkungen auf das Unternehmen und auf die Belegschaft reduzieren.

Bei der Auswahl von Personalfreisetzungsmaßnahmen sind eine Reihe von Beurteilungskriterien zu berücksichtigen:

**Quantitative Aspekte:** Das Freisetzungsausmaß ist gerade bei den weicheren Freisetzungsmaßnahmen vergleichsweise gering, sodass zu prüfen ist, ob damit der gesamte Freisetzungsbedarf abgedeckt werden kann.

**Qualitative Aspekte:** Die Auswirkungen auf die Qualifikationsstruktur der verbleibenden Mitarbeiter sind zu beachten. Oft verliert das Unternehmen bei einer Sozialauswahl gerade diejenigen Mitarbeiter, die Leistungsträger im zukünftigen Veränderungsprozess sein müssten.

**Zeitliche Aspekte:** Insbesondere die weichen Freisetzungsmaßnahmen haben lange Vorlaufzeiten und Restriktionen (Kündigungsbedingungen und -fristen) und deren Wirkungsdauer sind vergleichsweise kurz (Kurzarbeit).

**Rechtliche Bedingungen:** Eine Vielzahl von individual- und kollektivrechtlichen Bestimmungen sind zu berücksichtigen (z.B. Kündigungsschutz). Andere Maßnahmen setzen die Zustimmung des Betroffenen oder der Mitarbeitervertretung voraus (Aufhebungsvertrag, Arbeitszeitverkürzung).

**Ökonomische Wirkungen:** Bei der Entscheidung sind die positiven finanziellen Wirkungen (z.B. Reduzierung der Personalkosten) den negativen Wirkungen (z.B. Zahlungen von Abfindungen, Sozialplanzahlungen) gegenüberzustellen.

**Wirkung auf das Unternehmensimage:** Harte Personalfreisetzungsmaßnahmen haben gerade bei sozial-karitativen Unternehmen gravierende Auswirkungen auf das Unternehmensimage, die sich schlimmstenfalls in einer rückläufigen Nachfrage und sinkenden Spendenbereitschaft niederschlagen und damit zu weiteren wirtschaftlichen Schwierigkeiten führen können.

**Folgen für die freizusetzenden Mitarbeiter:** Insbesondere bei betriebsbedingten Kündigungen sind die Folgen für die freizusetzenden

Mitarbeiter gravierend und können zur Gefährdung der materiellen Existenzgrundlage und zu erheblichen psychischen Belastungen auch der mitbetroffenen Familien führen. Daher sollten die betroffenen Mitarbeiter mit Outplacement-Maßnahmen (Karriereberatung, Bewertungstraining, bracheninterne Weitervermittlung etc.) unterstützt werden.

**Wirkung auf die nicht betroffenen Mitarbeiter:** Bei der Auswahl von Personalfreisetzungsalternativen ist auch die Wirkung auf die Mobilitätsbereitschaft der nicht betroffenen Mitarbeiter zu berücksichtigen. Vor allem hoch qualifizierte Mitarbeiter neigen dazu, sich in einem anderen Unternehmen einen sicheren Arbeitsplatz zu suchen, während die weniger qualifizierten in der Unternehmung verbleiben.

**Alternativen**

Im Folgenden werden Alternativen der Personalfreisetzung dargelegt.

**Personalfreisetzung ohne Reduktion des Personalbestandes („interne Personalfreisetzung"):**

- qualitativ orientierte Maßnahmen (Personalentwicklung)
- örtlich orientierte Maßnahmen (horizontale oder vertikale Versetzung)
- zeitlich orientierte Maßnahmen
- Urlaubsgestaltung
- Verlängerung der Betriebsferien und Gewährung von unbezahltem Urlaub
- Verlagerung von Urlaubsansprüchen in beschäftigungsschwache Zeiten
- Gewährung von Langzeiturlaub (Sabbaticals)
- Abbau von Mehrarbeit bzw. Überstunden oder Aufbau von Zeitschulden
- Kurzarbeit
- allgemeine Verkürzung der Arbeitszeit
- Angebot individueller Arbeitszeitverkürzungen

**Personalfreisetzung mit Reduktion des Personalbestandes („externe Personalfreisetzung"):**

- Nutzung der natürlichen Fluktuation mit Einstellungsstopp in den verschiedenen Varianten (generell/relativ, qualifiziert/modifiziert, befristet/unbefristet)
- Nichtverlängerung befristeter Arbeitsverträge bzw. Nichtübernahme von Auszubildenden
- Nichtverlängerung oder Kündigung von Personalleasingverträgen
- Aufhebungsverträge
- vorzeitige Pensionierung

- Kündigungen
- Outplacement

**Phasen der Personalfreisetzung**

Planung und Durchführung von Personalfreisetzungsmaßnahmen orientieren sich an folgenden Phasen der Personalfreisetzung:

**1. Problemerkennung und Problemanalyse**
Ermittlung und/oder Prognose von (möglichen) Ursachen einer bestehenden oder zukünftigen Personalüberdeckung („Freisetzungsbedarf") durch

- Analyse des Unternehmungsfeldes
- Unternehmungsanalyse

als Basis für die

- quantitative und qualitative Personalbedarfsplanung
- quantitative und qualitative Personalbestandsplanung

⇒ Spezifikation der Personalüberdeckung nach Quantität/Qualität/Zeit/Ort

**2. Suche, Auswahl und Bewertung von Alternativen**
Suche nach und (Vor-) Auswahl von Alternativen
Alternativen zur Vermeidung von Personalfreisetzung (z.B. Verhandlung mit

- Kostenträgern und Kommunen
- Alternativen der Personalfreisetzung
- Interne Personalfreisetzung
- Qualitativ orientierte Maßnahmen
- Örtlich orientierte Maßnahmen
- Zeitlich orientierte Maßnahmen

Externe Personalfreisetzung (= mit Reduktion des Personalbestandes)

- Bewertung der Alternativen
- Bestimmung der Weiterverwendungs- und Anpassungsmöglichkeiten für die intern freizusetzenden Mitarbeiter
- Bestimmung der an den externen Markt freizusetzenden Mitarbeiter

⇒ Alternativen-Mix (optimales Alternativenbündel)

**3. Durchführung**

Festlegung der Informationspolitik gegenüber

- der Mitarbeitervertretung
- den extern und intern freizusetzenden Mitarbeitern
- den nicht betroffenen Mitarbeitern

**4. Kontrolle**

- Kontrolle des Planungsprozesses
- Kontrolle der Ergebnisse

Die Notwendigkeit Personal freizusetzen, zählt zu den schwierigsten Aufgaben des Personalmanagements. Wenn alle anderen Möglichkeiten der Kostenreduktion ohne Erfolg geblieben sind, kann es auch in sozialen Unternehmen unvermeidlich sein, Personalfreisetzungen in Erwägung zu ziehen.

## 7.5 Personalentwicklung

Personalentwicklung ist die Summe aller Tätigkeiten, die sich auf die Veränderung der Qualifikation bzw. der Leistung der Mitarbeiter eines Sozialunternehmens beziehen. Sie setzen sich aus Maßnahmen der Bildung, Karriereplanung und Arbeitsstrukturierung zusammen (Abb. 53).

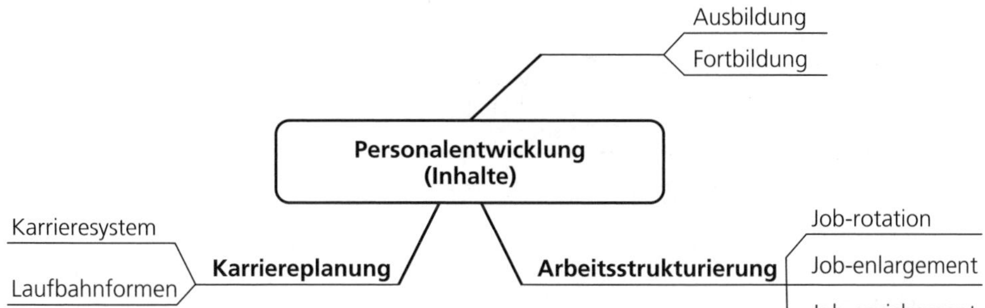


**Abb. 53:** Inhalte der Personalentwicklung (in Anlehnung an Berthel 2000, 206)

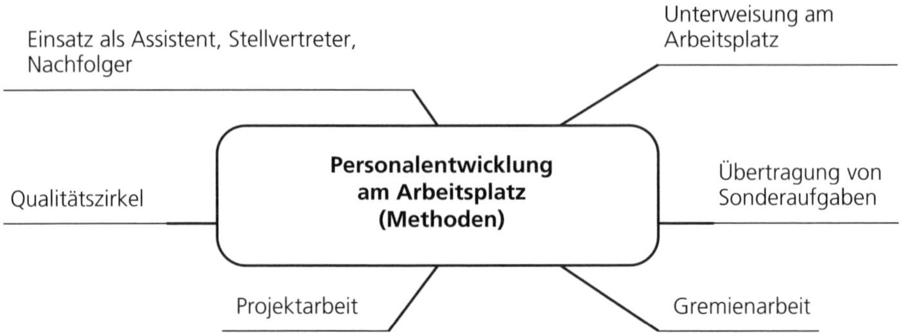


**Abb. 54:** Arbeitsplatznahe Personalentwicklung

***on-* und *off-the-job***

Im Bereich der Instrumente wird zwischen arbeitsplatznaher (on-the-job; Abb. 54) und arbeitsplatzferner (off-the-job; Abb. 55) Personalentwicklung unterschieden.

Unabhängig davon, ob eine arbeitsplatzferne oder eine arbeitsplatznahe Personalentwicklung stattfindet, ist von Bedeutung, dass eine Kultur lebenslangen Lernens entwickelt wird.

Die Personalentwicklung erfolgt in den Phasen der Bedarfserhebung, der Maßnahmenplanung, der Maßnahmendurchführung und der Kontrolle des Entwicklungserfolges. Informatorische Grundlagen sind die strategischen Unternehmensziele ebenso wie die stellenbezogenen Qualifikationsnotwendigkeiten und persönlichen Entwicklungswünsche des Mitarbeiters. Die Daten werden aus der Zielvereinbarung

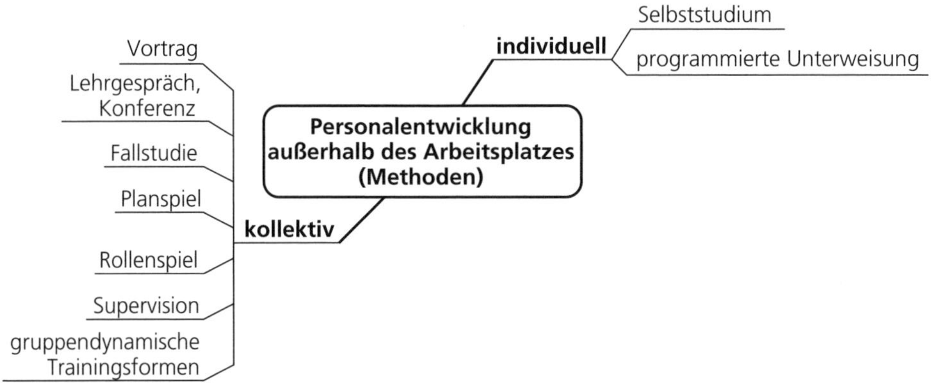


**Abb. 55:** Arbeitsplatzferne Personalentwicklung

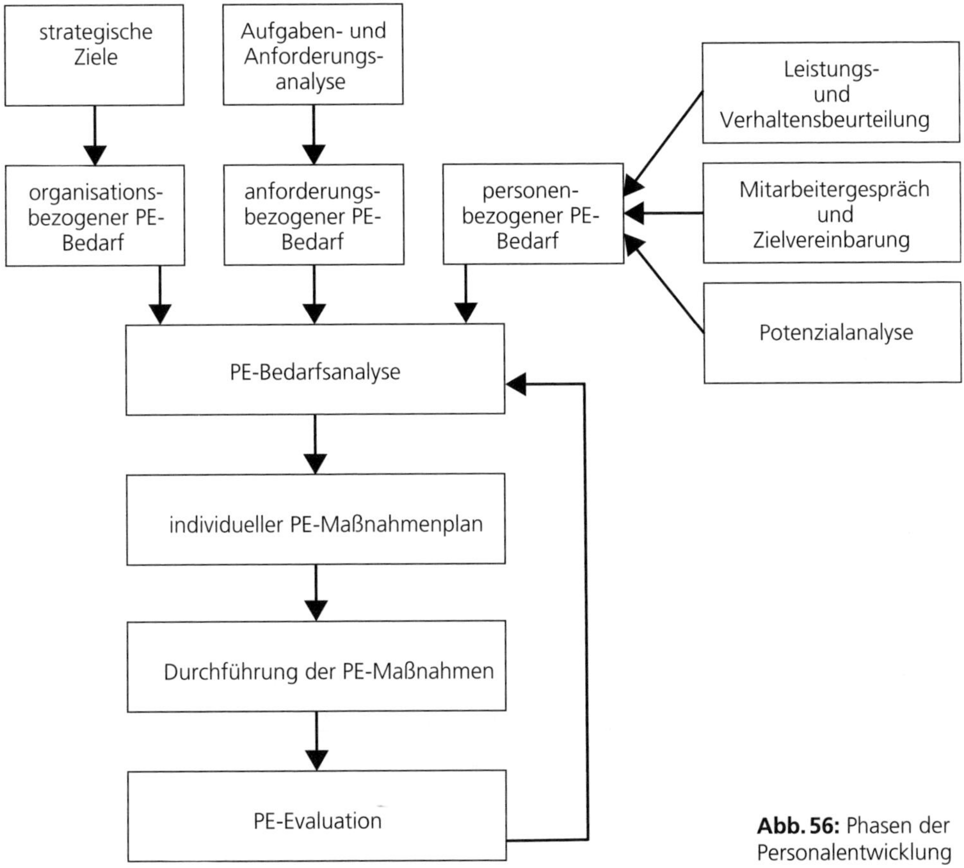


**Abb. 56:** Phasen der Personalentwicklung

und Mitarbeiterbeurteilung ebenso wie aus der Potenzialanalyse gewonnen (Abb. 56).

**Verantwortung der Mitarbeiter**

Besonderen Stellenwert hat in den letzten Jahren die Verantwortung der Mitarbeiter für ihre Selbstentwicklung gewonnen. Geforderte Qualifikationen, insbesondere im Führungskräftebereich, sind

- Lernmotivation, Lernfähigkeit und -bereitschaft,
- Fähigkeit zur Selbstanalyse,
- Rollendistanz,
- Zukunftsorientierung,
- Fähigkeit zur Setzung von Selbstentwicklungszielen und
- Lernen aus Erfahrungen.

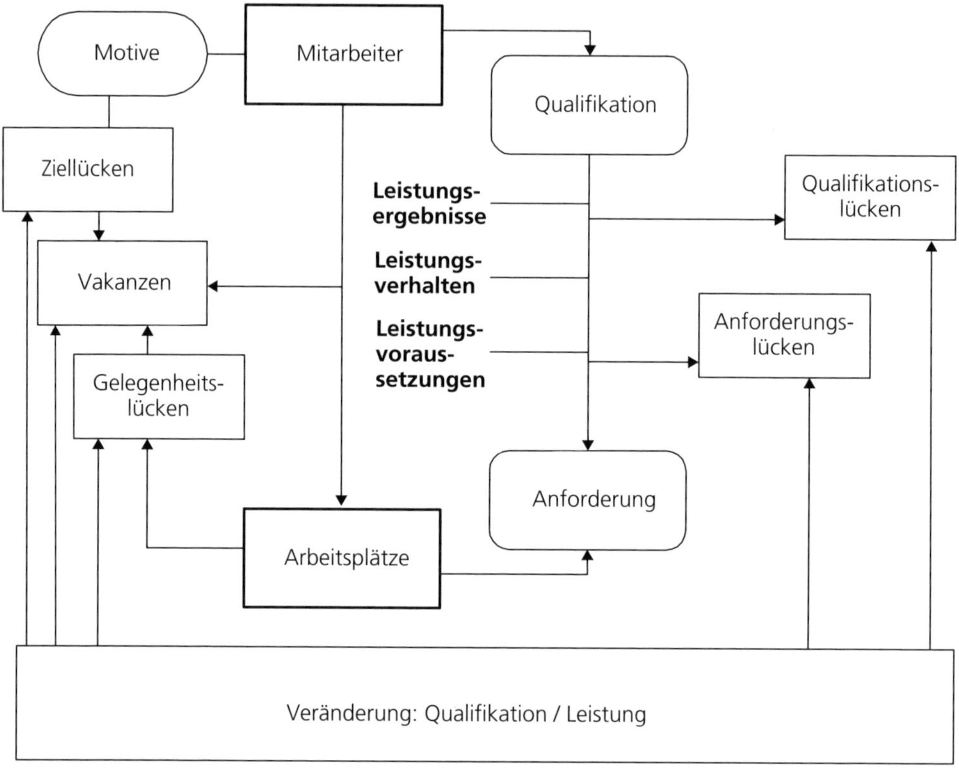


**Abb. 57:** Erhebung des Personalentwicklungsbedarfs (in Anlehnung an Berthel 2000, 241)

!

Zentrale Aufgabe qualifizierten Personalmanagements ist die Förderung von Mitarbeitern durch Entwicklung und Erweiterung fachlicher sowie sozialer Kompetenzen. Von zentraler Bedeutung ist die Etablierung einer Kultur lebenslangen Lernens.

**Entwicklungsbedarf ermitteln**

Mit der Erhebung des Personalentwicklungsbedarfs soll die Unsicherheit bei der Auswahl und Bestimmung von Personalentwicklungsmaßnahmen reduziert werden (Abb. 57). Im Vorfeld werden Organisation, Arbeitsplätze und einzelne Mitarbeiter analysiert, um diejenigen Lücken zu ermitteln, die Personalentwicklungsmaßnahmen notwendig machen:

- Vakanzen (Stellen können mit Kompetenzen der vorhandenen Mitarbeiter nicht besetzt werden)
- Ziellücken (individuelle Karriereziele des Mitarbeiters sind nicht vorhanden)
- Gelegenheitslücken (qualifikationsadäquate Arbeitsplätze stehen nicht zu Verfügung)
- Qualifikationslücken (der Mitarbeiter verfügt nicht über die für die Stelle notwendige Qualifikation)
- Anforderungslücken (der Mitarbeiter ist mit den an ihn gestellten Anforderungen unterfordert).

Zur Erhebung des Entwicklungsbedarfs werden folgende Instrumente eingesetzt:

- Befragungen (schriftliche Mitarbeiterbefragungen, Interviews von Arbeitsplatzexperten, strukturierte Rollenanalysen, Critical-Incident-Befragungen),
- Dokumentenanalysen (Auswertung der Personalakten, Leistungsbeurteilungen),
- Verhaltensbeobachtungen (Arbeitsplatzbegehungen, Rollenspiele, psychologische Tests),
- Mitarbeitergespräche,
- Assessment-Center.

Grundlage für die Personalentwicklung sind die Erfassung, Beurteilung und Prognose des Leistungspotenzials des jeweiligen Mitarbeiters.

Berthel (1980): Personalplanung

– (2000): Personal-Management: Grundzüge für Konzeptionen

Drumm (2005): Personalwirtschaft

Falk (2004): Personalwirtschaftslehre für Dienstleistungsbetriebe, Personalmanagement für Betriebe der Gesundheits- und Sozialwirtschaft sowie Sportvereine und Sportverbände

Jeserich (1981): Mitarbeiter auswählen und fördern. Assessment-Center-Verfahren

Jung et al. (2007): Allgemeine Managementlehre. Lehrbuch für die angewandte Unternehmens- und Personalführung

Knorr (2001): Personalmanagement in der Sozialwirtschaft

# 8 Qualitätsmanagement

Die Entwicklung und Sicherung fachlicher und institutioneller Qualität ist absolut notwendig. Im Qualitätsmanagement (QM) beinhaltet Qualität das Erreichen vorher festgelegter Ziele sowie die Erfüllung von Erwartungen. Qualität setzt die Entwicklung eines Managementsystems voraus, in dem Qualitätskriterien festgelegt und die entsprechenden Maßnahmen definiert sind.

## 8.1 Ziele und Elemente des Qualitätsmanagements

Qualitätsmanagement soll sicherstellen, dass

- vereinbarte Leistungen zur vereinbarten Qualität erbracht werden,
- die Qualität der vereinbarten Leistungen anhand des notwendigen Bedarfs der versorgten Menschen und der fachlichen Erfordernisse stetig überprüft und verbessert wird und
- Zuständigkeiten, Abläufe, eingesetzte Methoden und Verfahren in allen Leistungsbereichen nach innen und außen transparent und überprüfbar sind.

!

Ein QM-System ist ein System für die Festlegung der Qualitätspolitik und der Qualitätsziele. Zudem beinhaltet ein QM-System die Planung, Umsetzung und Steuerung von qualitätsbezogenen Maßnahmen.

Qualität in einem Sozialunternehmen zu gewährleisten bedeutet

- die Festlegung und Umsetzung von Unternehmenszielen,
- die Verpflichtung zur Qualitätsarbeit und die Wahrnehmung der Verantwortung der Leitungskräfte,
- die Ermittlung und Einhaltung gesetzlicher Anforderungen,
- die Ermittlung und Umsetzung der Kundenanforderungen,
- die Beteiligung der Mitarbeiter an Entscheidungen und Entwicklungen und
- die Initiierung eines kontinuierlichen Verbesserungsprozesses.

Qualitätsmanagement beinhaltet die Steuerung von Abläufen im Sozialunternehmen, um die gesetzlich, berufsständisch und betrieblich definierte Qualität der Leistung zu erreichen.

**Aufbau eines QM-Systems**

Aufbau und Umfang eines QM-Systems sind abhängig von den Zielsetzungen des sozialen Unternehmens, internen und externen Einflüssen sowie Produkten und Abläufen. Somit gibt es kein einheitliches QM-System für alle soziale Organisationen.

Die Umsetzung eines QM-Systems setzt voraus, dass

- Ziele bekannt sind,
- Fähigkeiten vorhanden sind,
- Schritte nachvollziehbar geplant sind und
- klare Verantwortlichkeiten und Zuständigkeiten definiert sind.

**Qualitätsparameter**

Von besonderer Bedeutung ist die Beschreibung von Qualitätsparametern. Die Beschreibung von Qualitätsparametern für die Prozessabläufe schafft Verantwortlichkeiten und klare Strukturen in der Ablauforganisation und somit mehr Transparenz, Verständnis und Akzeptanz für alle Beschäftigten. Die Qualitätsparameter werden wie folgt beschrieben:

**Strukturqualität**

Die Strukturqualität umfasst die inhaltlichen bzw. organisatorischen und strukturellen Rahmenbedingungen (z.B. die räumliche, personelle und sachliche Ausstattung). Zur Erfüllung der Strukturqualität gehören beispielsweise

- die Einhaltung der fachlichen Voraussetzung für die verantwortliche Fachkraft und Mitarbeiter sowie die Sicherung der Fort- und Weiterbildung;
- die Gewährleistung einer ausreichenden, gleichmäßigen und konstanten Betreuung und Versorgung eines wechselnden Kreises von Hilfebedürftigen;
- die Sicherstellung der Leistungen bei Tag und Nacht, sowie an Sonn- und Feiertagen;
- ständige Erreichbarkeit;
- eigene Geschäftsräume und
- die Integration von Arbeits- und Gesundheitsschutz sowie Hygienemanagement.

**Prozessqualität**

Die Prozessqualität bezieht sich auf eine fachlich angemessene Betreuung und Versorgung unter Berücksichtigung der Wünsche und Bedürfnisse der Klienten. Sie kann beispielsweise bei einem ambulanten Pflegedienst die Anamnese und Hilfeplanung sowie die Ausführung und Dokumentation des Betreuungsprozesses beinhalten. Zur Erfüllung der Prozessqualität zählen in der ambulanten Pflege beispielsweise

- die Tagesplanung,
- die Durchführung der Anamnese,
- die Hilfeplanung,
- die Hilfedokumentation,
- die Sicherstellung der Kontinuität des Betreuungsteams,
- die Beratung der Klienten und Angehörigen und
- die Zusammenarbeit mit den behandelnden Ärzten, anderen ambulanten Diensten sowie stationären und teilstationären Einrichtungen.

**Ergebnisqualität**

Die Ergebnisqualität erfasst die Wirksamkeit der Betreuungsmaßnahmen und das Wohlbefinden der Klienten. Sie ist das Resultat des Betreuungs- und Versorgungsprozesses.

!

Die Unterscheidung in Struktur-, Prozess- und Ergebnisqualität bietet eine gute Ausgangsbasis für das Erstellen von Prozessbeschreibungen, Standards und Checklisten zur Umsetzung eines Qualitätsmanagements.

**Verantwortlichkeiten**

Bei der Einführung eines Qualitätsmanagements ist die Prozessorientierung eine sehr wichtige Grundhaltung, welche in einem sozialen Unternehmen im Rahmen des QM elementar sein sollte. Diese Grundhaltung führt dazu, dass das gesamte betriebliche Handeln als Kombination von Prozessen und Prozessketten betrachtet wird. Die Verantwortlichkeit für das Qualitätsmanagement liegt auf der Leitungsebene. In sozialen Organisationen hat die Leitung sicherzustellen, dass

- ein Qualitätsmanagement aufgebaut und weiterentwickelt wird,
- die notwendigen personellen und sachlichen Ressourcen zur Verfügung gestellt werden und
- alle Mitarbeiter in den kontinuierlichen Prozess eingebunden sind.

Für alle Bereiche ist im Qualitätsmanagement verbindlich festzulegen, wo welche Aufgaben, Kompetenzen und Verantwortlichkeiten angesiedelt sind und welche Maßnahmen und Verfahren zur Sicherstellung von Qualität ergriffen und angewendet werden müssen. Dazu sind die Strukturen, die wesentlichen Prozesse und die angestrebten Ergebnisse zu beschreiben (Abb. 58).

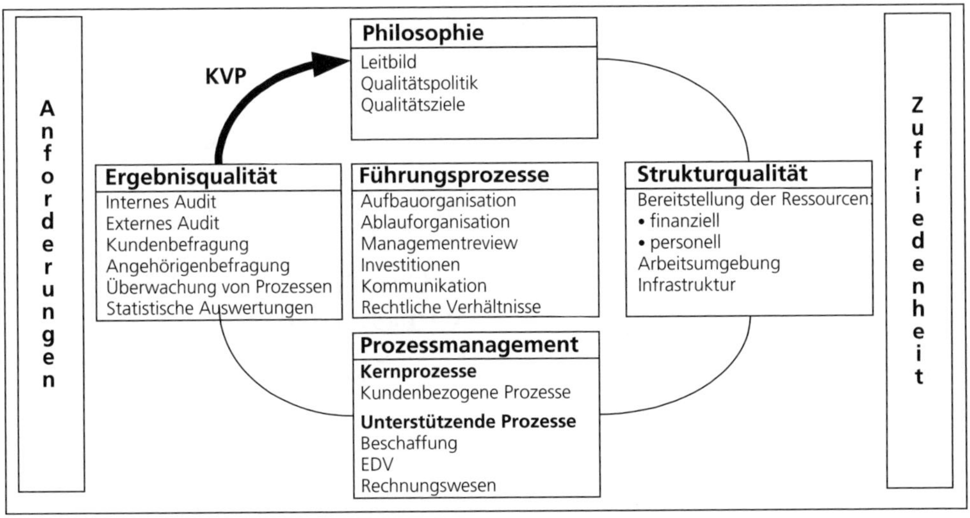


**Abb. 58:** Beispiel QM-Modell

!

Die oberste Leitung eines sozialen Unternehmens trägt eine nicht delegierbare Verantwortung für das Qualitätsmanagement.

## 8.2 Bausteine zur Einführung von Qualitätsmanagement

### *8.2.1 Systematik*

**Plan, Do, Act, Check**

Die Maßnahmen und Verfahren zur Erreichung der Qualitätsziele werden durch einen stetigen Prozess der Planung, Ausführung, Überprüfung und Verbesserung bestimmt (Plan, Do, Act, Check).

Die einzelnen Schritte werden meist im Demming-Kreis/PDCA-Zirkel beschrieben (Abb. 59).

**Planen (Plan):**

- Ziele definieren
- Methoden und Strategien zur Zielerreichung festlegen
- Betriebsabläufe festlegen, beschreiben und bekannt machen
- Ressourcen planen, die zur Umsetzung erforderlich sind

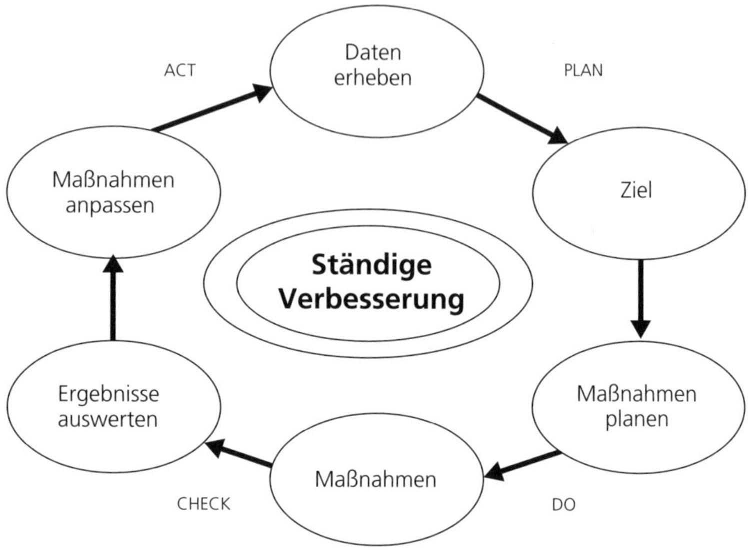


**Abb. 59:** Demming-Kreis/PDCA-Zirkel

**Ausführen (Do):**

- Abläufe wie beschrieben durchführen

**Überprüfen (Check):**

- beobachten, ob die festgelegten Abläufe auch so realisiert werden
- feststellen, ob die bestehenden Abläufe geeignet sind, um Ziele zu erreichen
- Messungen (z. B. Befragungen) durchführen, um Veränderungsnotwendigkeiten zu erkennen

**Verbessern (Act):**

- Korrektur- und Verbesserungsmaßnahmen festlegen und einleiten

### *8.2.2 Das Qualitätsmanagementsystem*

Nach der Entscheidung zur Einführung eines Qualitätsmanagements erfolgt die Wahl des Systems, an dem sich das Qualitätsmanagement orientiert. Es gibt eine Vielzahl unterschiedlicher Modelle. QM-Modelle geben eine gewisse Struktur vor und erleichtern die Einführung eines QM-Systems. Die definierte Struktur macht verschiedene Unternehmen vergleichbar. Im Folgenden werden exemplarisch zwei Modelle vorgestellt.

**DIN EN ISO 9000:2000**

ISO ist die Abkürzung für *International Organization for Standardization*. Die Internationale Vereinigung der Standardisierungsgremien ist ein internationaler Zusammenschluss von Normierungsinstituten mit Sitz in Genf, die zum Ziel hat, nationale Normen zusammenzufassen und zu vereinheitlichen.

**Standardisierungen**

Die Abkürzung DIN steht für Deutsches Institut für Normierung e. V. DIN ISO bedeutet, dass diese Norm der ISO auch vom DIN übernommen und akzeptiert worden ist.

Steht zusätzlich in der Bezeichnung EN, bedeutet dies, dass dieses Normsystem auch als europäische Norm anerkannt wird. DIN-Normen werden spätestens alle fünf Jahre überprüft.

Die DIN ISO 9000 ist ein Hilfsmittel für Firmen und Organisationen, um interne Prozesse, Dokumentationen und andere interne Abläufe mit maximaler Qualitätssicherung aufzuführen. Die DIN ISO 9000:2000 ist branchenunabhängig anwendbar und beinhaltet Normempfehlungen nach denen Zertifizierungen vorgenommen werden können.

**maximale Qualitätssicherung**

Das umfangreiche Regelwerk enthält neben Grundlagen und Terminologien für QM-Systeme, Anforderungen an ein QM-System zum externen Kompetenznachweis sowie einen Leitfaden zur Einführung von QM. Die DIN ISO unterstützt Organisationen bei

- der schriftlichen Dokumentation der Qualitätsaufzeichnungen,
- der Feststellung und Überprüfung der aufgetragenen Ziele,
- der effizienten Umsetzung von Maßnahmen sowie bei
- der Verbesserung von Maßnahmen.

Die DIN ISO 9000:2000 besteht aus acht Grundsätzen:

**Grundsätze**

**1. Kundenorientierung:** Organisationen sollten die Erfordernisse der Kunden verstehen und danach streben, deren Anforderungen und Erwartungen zu übertreffen.

**2. Führung:** Führungskräfte sollten die Voraussetzungen dafür schaffen, dass sich Personen voll und ganz für die Erreichung der Ziele der Organisation einsetzen können.

**3. Einbeziehung der Personen:** Die vollständige Einbeziehung von Personen auf allen Ebenen ermöglicht, ihre Fähigkeiten zum Nutzen der Organisation einzusetzen.

**4. Prozessorientierter Ansatz:** Erwünschte Ergebnisse lassen sich effizienter erreichen, wenn Tätigkeiten und dazugehörige Ressourcen als Prozess geleitet und gelenkt werden.

**5. Systemorientierter Managementansatz:** Das Lenken von miteinander in Wechselbeziehung stehenden Prozessen als System trägt zur Wirksamkeit und Effizienz einer Organisation bei.

**6. Ständige Verbesserung:** Ein permanentes Ziel stellt die ständige Verbesserung der Organisation dar.

**7. Sachbezogener Ansatz zur Entscheidungsfindung:** Wirksame Entscheidungen sollen auf der Basis von Zahlen, Daten und Fakten getroffen werden.

**8. Lieferantenbeziehungen zum gegenseitigen Nutzen:** Beziehungen zum gegenseitigen Nutzen erhöhen die Wertschöpfungsfähigkeit beider Seiten.

!

Vorteile der DIN ISO sind die Internationalität und die Einheitlichkeit. Zudem ist die DIN ISO branchenübergreifend und bietet eine gute Strukturhilfe.

**gelenktes Handbuch**

Es wird ein gelenktes Handbuch gefordert, das auf sechs Dokumentationen festlegt ist:

- Lenkung von Dokumenten
- Lenkung von Qualitätsaufzeichnungen
- Internes Audit
- Lenkung von Fehlern
- Korrekturmaßnahmen
- Vorbeugemaßnahmen

**Zertifizierung**

Bei der Zertifizierung kommt ein Zertifizierungsauditor zum Einsatz, der als unabhängiger Untersucher feststellen soll, ob das betriebene QM-System wirksam umgesetzt und die Normanforderungen erfüllt werden.

Die Zertifizierungsleistungen sind abhängig von

- der Branche,
- der Vielfalt der Dienstleistungen und Verfahren,
- der Unternehmensgröße, der Mitarbeiterzahl und dem Geschäftsvolumen,
- der Organisationsstruktur und der Standortverteilung,
- den Forderungen aus gesetzlichen Regelungen und
- dem Reifegrad des implementierten QM-Systems.

Diese Kriterien bestimmen auch die Kosten für die Zertifizierung.

!

Bei den Normungsreihen des DIN ISO-Verfahrens geht es um eine kontinuierliche Verbesserung der Dienstleistung bzw. der Organisation. Dabei ist eine starke Führung wichtig, die die Mitarbeiter einbindet. Ein wesentliches Ziel ist die Kundenorientierung, denn nur anhand von Kundenwünschen kann Qualität jeweils definiert und verfolgt werden. Daher unterliegen ISO-Verfahren meist einem prozessorientierten Verfahren.

**EFQM-Modell**

Das EFQM-Modell ist ein umfassendes Qualitätsmanagementsystem, das die Selbstbewertung und Bestimmung der Qualität der Unternehmensleistung ermöglicht. EFQM steht für *European Foundation for Quality Management*.

Dieses Modell soll bei der Verbesserung der Leistungen helfen und geht davon aus, dass exzellente Ergebnisse im Hinblick auf Leistungen, Kunden, Mitarbeiter und Gesellschaft durch eine Führung erzielt werden, die Politik, Strategie, Mitarbeiter, Partnerschaften, Ressourcen und Prozesse auf ein hohes Niveau hebt (Abb. 60).

**Führung, Prozesse, Ergebnisse**

Die drei Hauptsäulen (Führung, Prozesse, Schlüsselergebnisse) in den senkrechten Kästen bilden die Grundbestandteile des Modells. Die jeweils dazwischenliegenden waagrechten Kästen sind eine weitere Unterteilung und geben an, mit welchen Mitteln die Umsetzung des Modells erreicht werden soll und welche Zwischenergebnisse dafür erforderlich sind. Grundsätzlich erklärt das Modell, dass Kundenzufriedenheit, Mitarbeiterzufriedenheit und der Einfluss auf die Gesellschaft erreicht werden durch Führung mit Hilfe von Politik, Strategie, Mitarbeiterorientierung und Management von Ressourcen, was schließlich mit Hilfe von geeigneten Geschäftsprozessen zu *Excellence* in Unternehmensergebnissen führt.

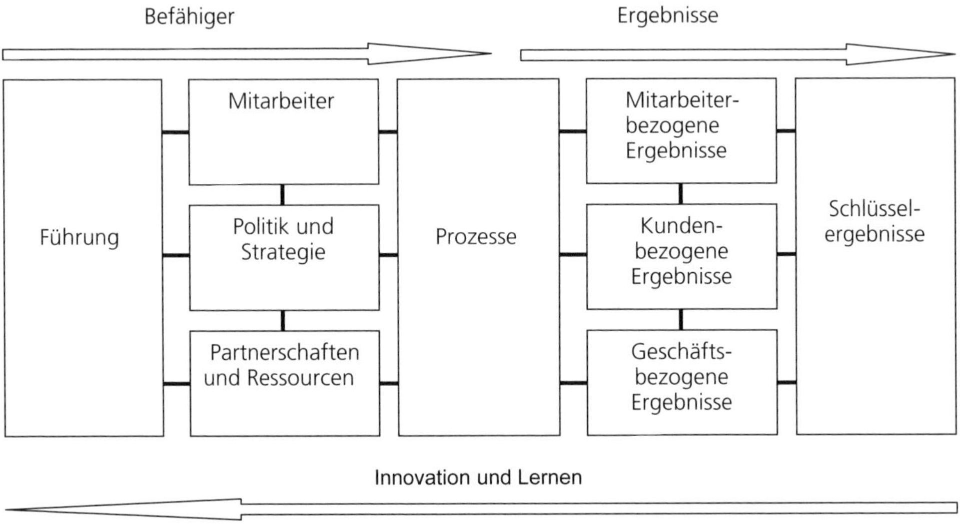


**Abb. 60:** EFQM-Modell

**Befähiger einbeziehen**

Das Modell ist weiterhin in zwei große Abschnitte eingeteilt: Befähiger und Ergebnisse, die jeweils die Hälfte des Gesamtmodells in der Bewertung ausmachen. Dies ist eines der fundamentalen Erkenntnisse des TQM-Modells (Totaly Quality Management), dass es nicht ausreicht, Ergebnisse zu managen, sondern dass es vielmehr erforderlich ist, die Vorgehensweise (die Befähiger) einzubeziehen. Mit den Ergebnissen wird definiert, was die Organisation erreicht hat und erreichen will. Mit den Befähigern wird beschrieben, wie sie dabei vorgehen und mit welchen Mitteln und Wegen sie die Ergebnisse erarbeiten will.

Im Gegensatz zum DIN ISO-Modell ist beim EFQM-Modell keine Zertifizierung durch eine unabhängige Instanz vorgesehen.

Das EFQM-Modell ist ein verständliches und umfassendes Analyseinstrument, das hilft, den aktuellen Standort einer sozialen Einrichtung zu bestimmen, um zu einer kontinuierlichen Weiterentwicklung unter Berücksichtigung der vorhandenen Möglichkeiten zu kommen.

## 8.3 Aufbau des Qualitätsmanagementsystems

Ein Qualitätsmanagementsystem ist als ein in sich geschlossenes System zu sehen, das umfassende Regelungen zur betrieblichen Aufbau- und Ablauforganisation sowie Methoden und Verfahren zur Sicherstellung von Qualität beschreibt. Aufgrund der Komplexität ist ein strukturiertes Vorgehen bei der Einführung erforderlich.

**sammeln, sichten und sortieren**

Der Aufbau eines QM-Systems beginnt mit dem Sammeln, Sichten und Sortieren aller schon in einem sozialen Unternehmen vorhandenen, die Qualität beeinflussenden Anweisungen (so genannte QM-Dokumente) und einer umfassenden Analyse der Aufbau- und Ablauforganisation des Unternehmens. Anschließend werden diese Dokumente den beschriebenen QM-Elementen zugeordnet und auf Vollständigkeit überprüft. Hier ergibt sich meist ein beträchtlicher Grundstock. Fehlende Dokumente müssen erstellt, nicht ausreichende vervollständigt werden.

Die Dokumente werden häufig in drei Gruppen zusammengefasst: die Arbeits- und Prüfanweisungen, die Verfahrensanweisungen und das Qualitätsmanagementhandbuch, welches das QM-System beschreibt.

**Grundsätze**

Folgende Grundsätze sollten bei der Erarbeitung der Dokumentation beachtet werden:

- Erarbeitung in kleinen Gruppen
- abteilungsübergreifende Arbeitsweise
- prozessorientierte Beschreibungen
- Optimierung der Abläufe

Eine Beachtung dieser Grundsätze erhöht die Akzeptanz des Systems, verhindert den Aufbau eines bürokratischen Systems und verhilft zu einer kritischen Betrachtung und Verbesserung der Unternehmensprozesse.

Die Bausteine zur Einführung eines Qualitätsmanagements veranschaulicht Abbildung 61.

Wesentliche Bausteine der QM-Einführung sind

- die Formulierung der Qualitätsziele,
- die Bekanntmachung unter den Mitarbeitern,
- die Identifizierung der Tätigkeiten (Kernprozesse), die zur Zielerreichung erforderlich sind,

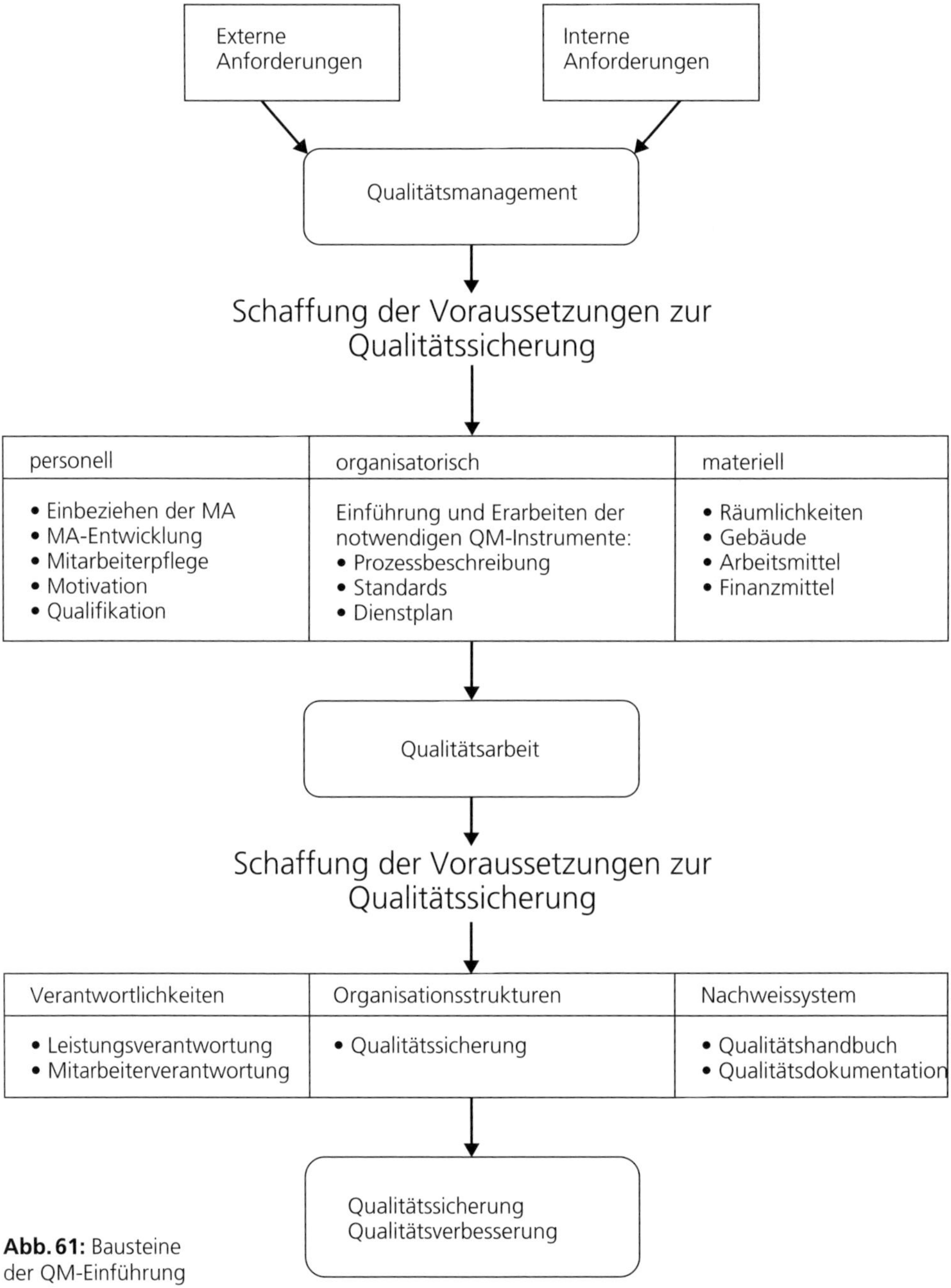


**Abb. 61:** Bausteine der QM-Einführung

- die Beschreibung der Tätigkeiten (Kernprozesse),
- die Festlegung der Durchführung (Verfahrensanweisungen),
- die Einbeziehung aller betroffenen Mitarbeiter (Schulungen),
- die Festlegung eines einheitlichen Dokumentenlenkungssystems,
- die Festlegung von Verantwortlichkeiten (Stellenbeschreibungen, Organigramm, Verantwortungsmatrix),
- die regelmäßige Beurteilung der Prozesse und Ergebnisse (interne/externe Audits),
- die Einleitung von Maßnahmen zur Korrektur bei Abweichungen (Qualitätszirkel),
- die regelmäßige Überprüfung und ggf. Anpassung der festgelegten Ziele sowie
- die Entwicklung eines spezifischen Qualitätsmanagementhandbuches.

Abschließend ist nochmals festzuhalten, dass es das Qualitätsmanagementsystem „von der Stange" nicht gibt, sondern stets maßgeschneiderte firmenspezifische Qualitätsmanagementsysteme aufzubauen sind. Genormt sind nur die Bausteine und das Gerüst zum Aufbau des QM-Systems.

Brauer/Horn (2007): DIN EN ISO 9000:2000ff umsetzen. Gestaltungshilfen zum Aufbau Ihres Qualitätsmanagementsystems

Brückers (2003): Tandem QM – Das integrierte QM-Konzept in der sozialen Arbeit

Gembrys/Herrmann (2006): Qualitätsmanagement

Glaap (1996): TQM in der Praxis leicht gemacht: Hilfen und Hinweise für Einführung von QM-Systemen

Meinhold (1998): Qualitätssicherung und Qualitätsmanagement in der sozialen Arbeit. Einführung und Arbeitshilfen

Peterander/Speck (Hrsg.) (2004): Qualitätsmanagement in sozialen Einrichtungen

# 9 Marketing

Es wurde bereits mehrfach darauf hingewiesen, dass sich die Wettbewerbssituation für soziale Unternehmen verschärft. Um dem Druck des Wettbewerbs standhalten zu können, empfiehlt es sich, ein solides Marketing zu implementieren.

## 9.1 Definition Marketing

Marketing bedeutet Analyse, Planung, Durchführung und Kontrolle aller Aktivitäten, die auf den Kunden bzw. Klienten abzielen. Das eher spezifische Sozialmarketing lässt sich wie folgt definieren (in Anlehnung an Birzele / Thieme 2007 und Meffert / Bruhn 2006):

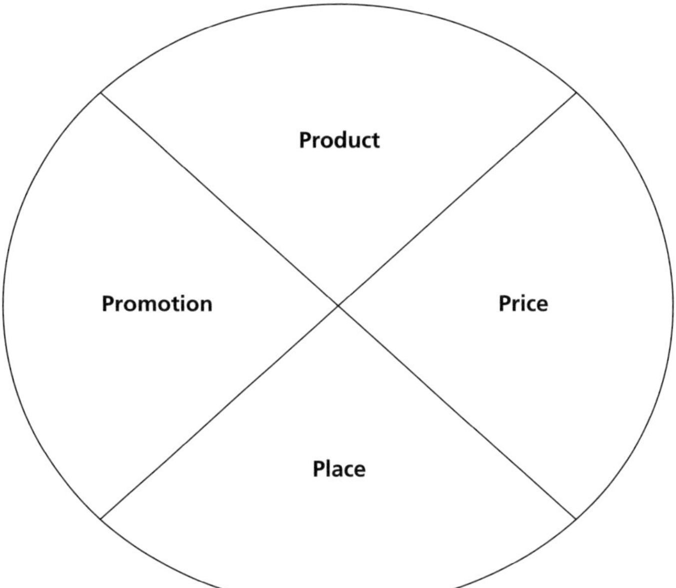


**Abb. 62:** Die vier Ps (in Anlehnung an Meffert/Bruhn 2006, 388)

**Sozialmarketing**

Sozialmarketing ist eine spezifische Denkhaltung. Sie konkretisiert sich in der Analyse, Planung, Umsetzung und Kontrolle sämtlicher interner und externer Aktivitäten, die durch eine Ausrichtung am Nutzen und den Erwartungen der Anspruchsgruppen (z.B. Leistungsempfänger, Kostenträger, Angehörige oder Öffentlichkeit) darauf abzielen, die finanziellen, mitarbeiterbezogenen und insbesondere aufgabenbezogenen Zielen der sozial ausgerichteten Organisationen zu erreichen.

Es wird zunehmend versucht, das „kommerzielle Marketing" auf sozial ausgerichtete Organisationen zu übertragen. Dieses Marketing für Dienstleistungen ist grundsätzlich möglich, da Marketing lediglich den kunden- und marktorientierten Weg beschreibt, um Unternehmensziele zu erreichen – wie auch immer diese lauten.

Das Dienstleistungsmarketing überträgt die Inhalte des „kommerziellen Marketings" auf Dienstleistungsanbieter und integriert, neben den im folgenden Abschnitt zu beschreibenden vier Ps des klassischen Marketings, weitere drei Elemente.

## 9.2 Die vier Ps des klassischen Marketings

Das Marketing bedient sich verschiedenster Marketinginstrumente.

!

Marketinginstrumente sind Maßnahmenbündel zur Erreichung von Marketingzielen.

In der Literatur werden vier grundlegende Bereiche unterschieden, die den internen Marketingbereich definieren (Abb.62).

**Marketinginstrumente**

Die vier Ps entsprechen den folgenden Marketinginstrumenten:

- Leistungspolitik (Product)
- Preispolitik (Price)
- Vertriebspolitik (Place)
- Kommunikationspolitik (Promotion)

Die Leistungspolitik stellt sich die Frage: Welche besonderen Produkte oder Leistungen kann ich anbieten, die besser sind als die meiner Konkurrenz? Die Preispolitik legt den Preis für die angebotene Leistung fest. Die Vertriebspolitik fragt sich: Auf welchen Wegen und an welchen Orten soll der Klient die Produkte bzw. die Leistung erhalten? Die Kommunikationspolitik tritt mit den potenziellen Kunden in Kontakt und präsentiert die anzubietenden Leistungen.

Leistungspolitik, Preispolitik, Vertriebspolitik und Kommunikationspolitik sind die zentralen Parameter eines Marketingkonzepts. Diese gilt es so zu definieren, dass die Ziele des sozialen Unternehmens erreicht und die Voraussetzungen für nachhaltigen Erfolg geschaffen werden.

## 9.3 Leistungspolitik *(Product)*

**erhalten, wachsen, profilieren**

Die Leistungspolitik ist das Herz des Marketings, da seine Ausgestaltung die übrigen Marketinginstrumente wesentlich beeinflusst. Die Ziele, die die Leistungspolitik zu erreichen versucht, gliedern sich sowohl in Wachstumsziele hinsichtlich Absatz, Umsatz und Gewinn als auch in Erhaltungsziele, die versuchen, dem möglichen Leistungswegfall entgegenzuwirken. Ertragsziele bemühen sich um den effizienten Einsatz vorhandener, knapper Ressourcen. Mit dem Profilierungsziel wird versucht, sich von der Konkurrenz abzuheben.

In sozialen Unternehmen sind die Produkte meist immaterielle Leistungen, wie Beratungsgespräche, Pflege- und Betreuungsleistungen oder Leistungen der Jugendhilfe. Die Besonderheiten von sozialen Dienstleistungen müssen bei der Leistungspolitik beachtet werden. So ist beispielsweise aufgrund der in vielen Bereichen permanent notwendigen Vorhaltung der Leistung eine Automatisierung nur eingeschränkt möglich.

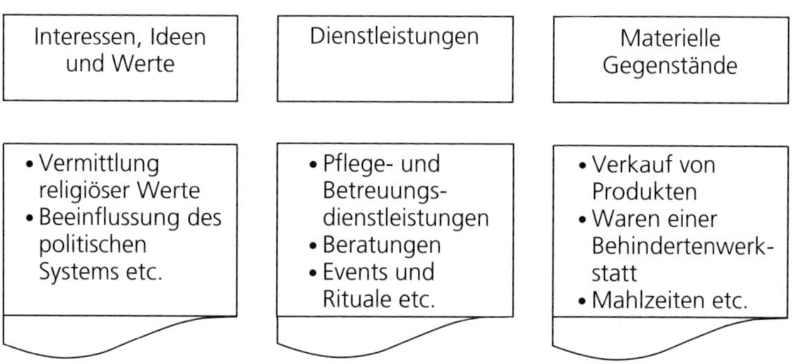


**Abb. 63:** Produktarten (in Anlehnung an Bruhn 2005, 43)

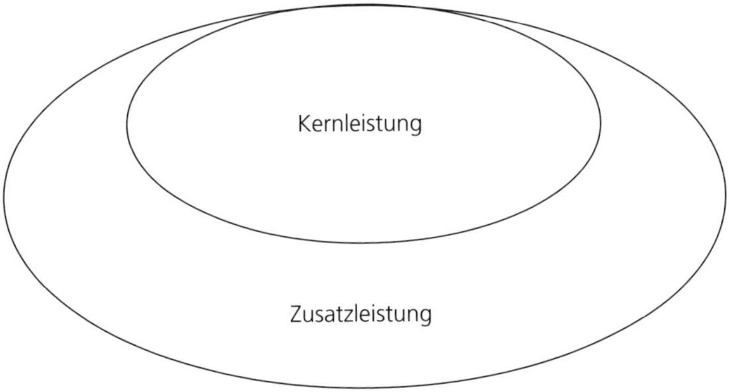


**Abb. 64:** Kernleistung

### 9.3.1 Leistungs- bzw. Produktarten

Die Produkte im Non-Profit-Sektor lassen sich in drei Kategorien unterteilen (Abb. 63).

**Supporting Services**

Die Leistungspolitik geht bei einer Leistung oder einem Produkt immer von einer Kern- und einer Zusatzleistung aus. Die Kernleistung soll den einzigartigen Grundnutzen für den Klienten schaffen. Um diese Kernleistung bilden sich weitere Zusatzleistungen ab, die die Kernleistung ergänzen und die diese für den Klienten attraktiver werden lassen (Abb. 64).

Zusatzleistungen, auch *Supporting Services* genannt, sollen den Zusatznutzen für den Klienten darstellen und die Kaufentscheidung für diese Leistung kräftigen.

In einer Behindertenwerkstatt ist beispielsweise die Kernleistung die berufliche Qualifikation der Beschäftigten und die Zusatzleistung die Produktion von Waren. Zu Zusatzleistungen gehören unter anderem die Positionierung der Leistung, der Einsatz von Humankapital und die Qualität der Leistung. Weitere Zusatzleistungen können Hilfe in Härte- und Notfällen, Rechtsschutz, Leistungen an Hinterbliebene oder Treueprämien sein. Im Erstellungsprozess einer Leistung ist die Individualisierung einer Leistung eine Notwendigkeit.

Nur wenige Leistungen die eine soziale Organisation erbringt, können standardisiert werden.

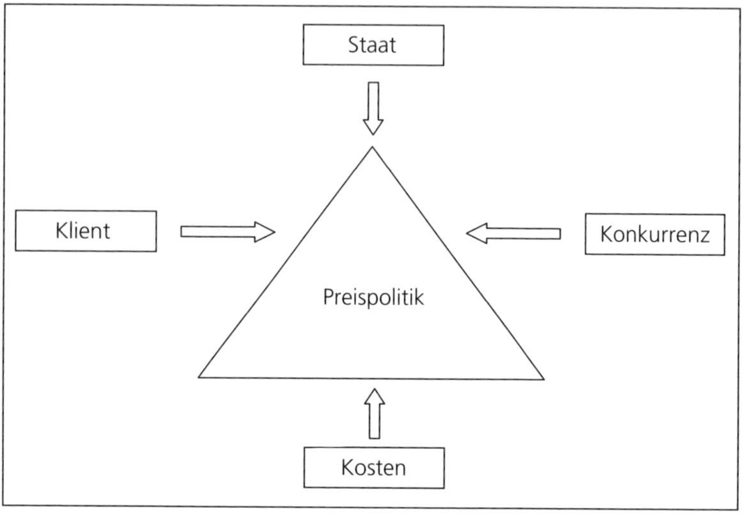


**Abb. 65:** Einflussfaktoren der Preispolitik

## *9.3.2 Integration des externen Faktors*

Eine weitere Besonderheit bei der Produktion sozialer Dienstleistungen liegt im Einsatz des externen Faktors.

Externe Produktionsfaktoren werden wie folgt beschrieben:

- Materielle und immaterielle Güter können vonseiten des Dienstleistungsabnehmers in den Produktionsprozess eingebracht werden (z. B. Mitwirkungspflicht eines Klienten).
- Der Abnehmer der Leistung ist passiv an der Produktion der Dienstleistung beteiligt (z. B. bei der Erstellung einer Anamnese).
- Der Abnehmer ist aktiv an der Dienstleistungserstellung beteiligt (z. B. Psychotherapie).

!

Die Einbeziehung des externen Faktors ist eine wesentliche Voraussetzung für die Erstellung sozialer Dienstleistungen. Die Erscheinungsformen des externen Faktors können dabei Menschen (z. B. bei einem Beratungsgespräch), immaterielle Objekte (z. B. Vormundschaft) oder materielle Objekte (z. B. Pflegebett) sein.

## 9.4 Preispolitik *(Price)*

Die Preispolitik steht vor der Aufgabe, das optimale Preis-Leistungs-Verhältnis zu bestimmen. Preise, Konditionen der Produkte und Leistungen müssen zunächst festgelegt, um dann am Markt angeboten zu werden (Abb. 65).

Der Begriff „Preis" wird im sozialen Bereich nur selten verwendet. Je nach Branche sind Begriffe wie Pflegesatz, Entgelt oder etwa Gebühr zu finden. Die Besonderheit der Preisfestsetzung im sozialen Bereich besteht darin, dass die Preise zum großen Teil durch den Staat (z. B. über Budgets) vorgegeben und die Leistungen durch die Kostenträger finanziert werden.

**nicht schlüssige Austauschbeziehung**

Diese Konstellation führt zu so genannten nicht schlüssigen Austauschbeziehungen: Einer erbrachten Leistung steht keine unmittelbare Gegenleistung des Empfängers gegenüber. Dies führt dazu, dass gerade nicht gewinnorientierte soziale Unternehmen (NPOs) keine eindeutigen Präferenzsignale des Nachfragers der Dienstleistung erhalten. Zudem sind viele Nachfrager (z. B. Pflegebedürftige) nicht in der Lage, sich entsprechend zu artikulieren.

!

Im erwerbswirtschaftlichen Bereich erhält der Anbieter über die Marktpreisentwicklung eindeutige Präferenzsignale durch den Kunden. Im sozialen Bereich erfolgt aufgrund der Nichtschlüssigkeit der Austauschbeziehungen vielfach keine Rückmeldung.

### *9.4.1 Preisdifferenzierungen*

Preisdifferenzierungen im sozialen Bereich sind meist politischer oder sozialer Natur und verfolgen das Ziel der Unterstützung der einkommensschwachen Segmente. Hierbei gibt es unterschiedliche Kriterien:

- räumliche Kriterien
- zeitliche Kriterien
- abnehmerorientierte Kriterien
- mengenorientierte Kriterien

**abnehmer- oder mengenorientiert**

Eine Preisdifferenzierung nach räumlichen Kriterien zeigt sich beispielsweise in unterschiedlichen Vergütungen durch die Kostenträger in Abhängigkeit vom Bundesland.

**Abb. 66:** Preisbündelungen

Eine Preisdifferenzierung nach zeitlichen Kriterien zeigt sich beispielsweise in günstigeren Preisen in nachfrageschwächeren Zeiten.

Abnehmerorientierte Kriterien für eine Preisdifferenzierung können beispielsweise Alter, Geschlecht oder Pflegestufe sein.

Bei der mengenorientierten Preisdifferenzierung werden die Preise in Abhängigkeit von der nachgefragten Menge festgelegt, um beispielsweise Schülern, Studenten oder Rentnern verminderte Preise zukommen zu lassen.

### *9.4.2 Preisbündelung*

In der Preispolitik gibt es weiterhin das Instrument der Preisbündelung, welche sich in drei Arten aufteilt (Abb. 66).

Der „Preisbaukasten" (ungebündelt) beschreibt die Möglichkeit des Klienten, alle Leistungen für den Einzelpreis zu beziehen oder die freie Kombinationswahl mit anderen Leistungen in Anspruch zu nehmen.

Beim *„Pure Bundling"* (reine Bündelung) besteht für den Klienten nicht die Möglichkeit, die Leistung alleine zu erwerben. Es bietet dem Klienten einen Kombinationspreis an. Ein Beispiel hierfür ist die Übernachtung in Jugendherbergen, die nur mit Frühstück angeboten werden.

Beim *„Mixed Bundling"* (gemischte Bündelung) hat der Klient die Möglichkeit, die Leistung einzeln oder als Leistungspaket mit einem Preisvorteil zu beziehen.

## 9.5 Vertriebspolitik *(Place)*

Die Vertriebspolitik beinhaltet Entscheidungen und Handlungen, die in Zusammenhang mit der Übermittlung einer sozialen Dienstleistung stehen. Das Hauptziel der Vertriebspolitik ist die Verkaufsförderung, das Image und auch den Bekanntheitsgrad der Organisation zu verbessern.

**Ziele der Vertriebspolitik**

Die Ziele der Vertriebspolitik sind aus den übergeordneten Unternehmens- und Marketingzielen abzuleiten:

- Präsenz und Erreichbarkeit
- Zugangsmöglichkeiten für den Klienten zum Leistungserstellungsprozess
- Lieferzeit
- Lieferbereitschaft

Das Ziel der Präsenz und Erreichbarkeit hat den Sinn, dass kundennahe Standorte gewählt werden. Beispielsweise ist es für die Angehörigen eines Klienten einer stationären Pflegeeinrichtung wichtig, kurze Anfahrtswege zu haben. Bei anderen öffentlichen Dienstleistungen, wie Notarzt oder etwa Feuerwehr, ist die Bedeutung der Erreichbarkeit noch offensichtlicher.

Auch bei der Vertriebspolitik sind die Immaterialität, die Individualität des Produktes und die Integration des externen Faktors zu beachten. Ein prägnantes Beispiel hierfür ist eine Telefonseelsorge, die 24 Stunden für den Klienten zu Verfügung stehen muss und die ohne den Klienten nicht durchführbar ist.

!

Soziale Dienstleistungen lassen sich nicht wie Sachgüter vertreiben. Es stehen nur begrenzte Möglichkeiten zur Verfügung, um eine soziale Dienstleistung zu vermarkten.

## 9.6 Kommunikationspolitik *(Promotion)*

**Maßnahmen**

Die Kommunikationspolitik wird oftmals als „Sprachrohr" bezeichnet, da sie die Aufmerksamkeit beim potenziellen Kunden wecken soll. Sie umfasst beispielsweise folgende Maßnahmen:

- externe Kommunikation (z. B. Plakate, Anzeigen)
- interne Kommunikation (z. B. Mitarbeiterzeitschriften)
- interaktive Kommunikation (z. B. Beratungsgespräche)

Im Zentrum der Kommunikationspolitik stehen psychologische Ziele. Die psychologischen Ziele lassen sich in Abhängigkeit von der Reaktion des Leistungsempfängers in drei Stufen einteilen (Abb. 67).

**kognitiv**

Kognitiv orientierte Ziele verfolgen die Bekanntmachung und die Informationsweitergabe über die Organisation. Sie können unterteilt werden in „Berührungs-" und „Kontakterfolg". Hier wird versucht, die Werbebotschaften an die ausgewählten Zielgruppen zu leiten. Die

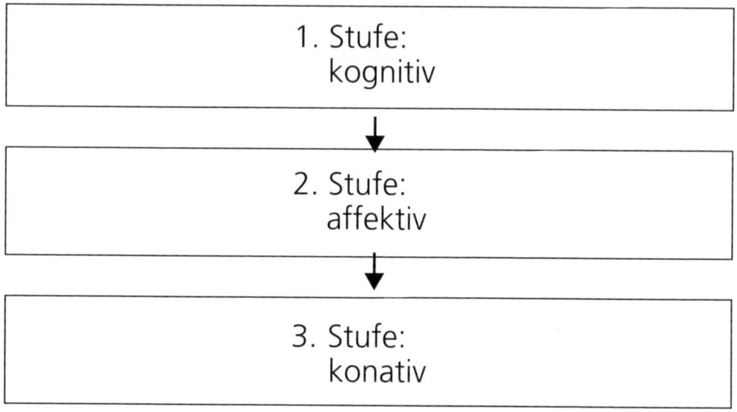


**Abb. 67:** Stufen der psychologischen Ziele

Botschaft soll in das unterbewusste Wahrnehmungsfeld des zu Werbenden gelangen („Aufmerksamkeitswirkung“). Die „Erinnerungswirkung“ unterstützt dies und versucht, durch Wiederholungen das Wahrgenommene im Gehirn zu speichern. Die „Informationsfunktion“ hat die Aufgabe, den potenziellen Klienten über die Leistung genauestens zu informieren.

**affektiv**

Affektiv orientierte Ziele sprechen die „Gefühlswirkung“ des zu Werbenden an. Sie zielen auf die emotionale Ebene und versuchen, die Gefühle und Emotionen für eine Leistung zu wecken. Ein prägnantes Beispiel hierfür sind Bilder von armen Kindern, die für die Werbeplakate einer Spendenaktion verwendet werden. Die „positive Hinstimmung“ verfolgt das Ziel der Konkretisierung bislang noch unbekannter Be-

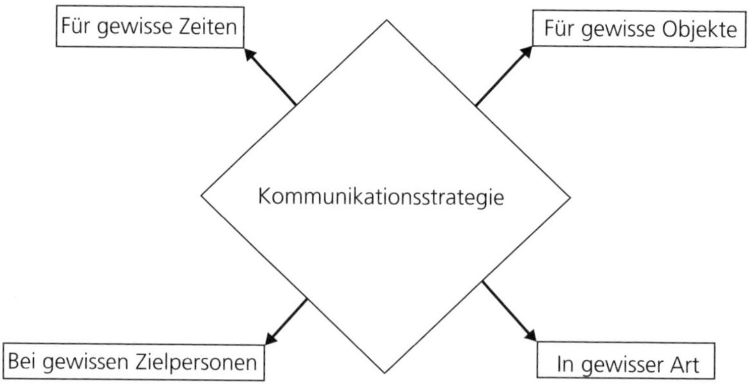


**Abb. 68:** Dimensionen der Kommunikationsstrategien

dürfnisse. Die „Interessenweckung“ versucht, dem möglichen Klienten klarzumachen, dass diese Leistung auch eine potenzielle Leistung für ihn ist. Die „Imagewirkung“ bringt das Image der Organisation in den engeren Zusammenhang zur Leistung.

**konativ**

Konativ orientierte Ziele haben die Aufgabe der „Auslösung von Kaufhandlungen“, d.h. sie sollen beispielsweise einen potenziellen Spender zum Spenden veranlassen.

### *9.6.1 Strategien der Kommunikationspolitik*

Die Strategien der Kommunikationspolitik können über verschiedene Dimensionen abgebildet werden, die von der Organisation mittel- bis langfristig angesetzt werden (Abb. 68).

Der erste Schritt liegt in der Wahl der Gestaltungsart:

- emotionale Gestaltung der Werbung
- informative Gestaltung der Werbung
- emotionale und informative Gestaltung der Werbung
- aktualisierende Gestaltung der Werbung (z. B. neue gesetzliche Grundlagen)

Nachdem die Gestaltungsarten bzw. die -möglichkeiten festgelegt wurden, stellt sich die Frage der anzuwendenden Strategie. Im Folgenden sollen sechs Strategien skizziert werden:

- Bekanntmachungsstrategie: eignet sich zur Bekanntmachung neuer Leistungen oder Produkte
- Informationsstrategie: beinhaltet die reine Informationsweitergabe über Leistung, Organisation oder baldige Aktivitäten
- Imageprofilierungsstrategie: zielt darauf ab, einen Imageschaden zu vermeiden und stellt prägende Werte des Unternehmens in den Vordergrund
- Konkurrenzabgrenzungsstrategie: dient der Hervorhebung der besonderen Leistungen sowie der besonderen Qualität der Leistungen, um sich von der Konkurrenz abzuheben
- Zielgruppenerschließungsstrategie: mit dieser Strategie sollen bestimmte, noch nicht erschlossene Zielgruppen erreicht werden
- Kontaktanbahnungsstrategie: Vorstellung der Zielsetzung und der eigenen Aktivitäten bei Anspruchsgruppen, um diese für sich zu gewinnen

### 9.6.2 Kommunikationsinstrumente

Eine effektive Kommunikationsstrategie erfolgt durch den Einsatz verschiedener Instrumente. Diese Instrumente können zeitgleich angewendet oder nach Zielgruppen gegliedert werden.

**Mediawerbung**

Unter Mediawerbung versteht man die Verbreitung von Informationen mit Hilfe von Werbeträgern und Werbemitteln im Umfeld öffentlicher Kommunikation. Die Mediawerbung ist ein eher indirektes und einseitiges Instrument, welches sich über Zeitungen, Zeitschriften, Rundfunk und Fernsehen anwenden lässt. Hierbei ist die Sichtbarmachung der Leistung vorrangiges Ziel. Wichtig ist die genaue Planung des Werbebudgets, da Mediawerbung ein sehr kostenintensives Kommunikationsinstrument ist und bei sozialen Unternehmen eher die Ausnahme darstellt.

**Verkaufsförderung**

Die konsumgerichtete Verkaufsförderung gewinnt im sozialen Bereich an Bedeutung. Bei der Verkaufsförderung unterscheidet man die unmittelbare und die mittelbare Verkaufsförderung. Die unmittelbare Verkaufsförderung wird nicht am Ort der Leistungserstellung, sondern auf Veranstaltungen außerhalb angewendet. So kann beispielsweise durch Informationsstände auf Messen der Verkauf von Leistungen bzw. die Akquise von Kunden gefördert werden. Die mittelbare Verkaufsförderung erfolgt direkt am Ort der Leistungserstellung und gibt dem Klienten den Anreiz, beispielsweise durch einen Gutschein die Leistung beim nächsten Mal wieder von dieser Organisation zu beziehen.

**Direktkommunikation**

Die Direktkommunikation hat eine individuelle, direkte Ansprache der verschiedenen Anspruchsgruppen zum Ziel. Sie bemüht sich um den Aufbau von persönlichen Beziehungen zu den Anspruchsgruppen. Ziel der Direktkommunikation ist die Gewinnung neuer Förderer oder Spender. Die gezielte und direkte Ansprache hat beispielsweise im Hinblick auf die Gewinnung von Finanzmitteln im Rahmen einer Stiftung große Bedeutung.

**persönliche Kommunikation**

Die persönliche Kommunikation ist eine spezifische Art der direkten Kommunikation. Eine so genannte Face-to-Face-Kommunikation ermöglicht beispielsweise den Mitarbeitern, Fragen direkt zu beantworten und genauestens über die Leistungserstellung zu informieren. Schwierige Situationen oder Leistungen können hier dem Klienten besser vermittelt werden.

**Öffentlichkeitsarbeit**

Bei der Öffentlichkeitsarbeit (Public Relations, PR) geht es um das Erreichen von Verständnis und Vertrauen für die Organisation. Große soziale Einrichtungen nutzen meist Pressearbeit, Pressekonferenzen und eine enge Zusammenarbeit mit Journalisten für die öffentliche

Darstellung der Organisation. Des Weiteren werden Publikationen in Faltblättern, im Internet oder in Broschüren für die Öffentlichkeitsarbeit verwendet.

**Veranstaltungen bzw. Events**

Unter Veranstaltungen oder Events werden besondere Ereignisse verstanden, welche ein bestimmtes Ziel verfolgen und einen hohen Kommunikationsgrad ermöglichen. Ein Event soll

- ein Erlebnis darstellen,
- besonders und einmalig sein,
- zu einem ausgewählten Zeitpunkt stattfinden und
- die Befriedigung des Kommunikationsbedürfnisses ermöglichen.

**Sponsoring**

Sponsoring lässt sich als eine Geschäftsbeziehung charakterisieren, die aus Leistung und Gegenleistung besteht. Der Sponsor kann Geldmittel, Sachmittel oder Dienstleistungen zur Verfügung stellen. Als Gegenleistung erhält der Sponsor gewisse Rechte, sein Engagement unternehmensintern und -extern im Rahmen seiner Kommunikationspolitik öffentlich darzustellen. Besonderes Merkmal ist die vertragliche Fixierung von Leistung und Gegenleistung.

**Multimedia-kommunikation**

Multimediakommunikation bedient sich der elektronischen Medien. Hierbei spielt das Internet eine wesentliche Rolle. Es bietet drei verschiedene Möglichkeiten, um die Öffentlichkeit über die Organisation zu informieren. Der direkte Weg zum Klienten ist die Versendung von E-Mails, doch auch so genannte Banner Ads, elektronisch geschaltete Werbeanzeigen auf stark besuchten Internetseiten, sind sehr beliebt. Die klassische Homepage zählt zur Pull-Kommunikation, bei der die Initiative der Informationsbeschaffung vom Klienten kommt.

## 9.7 Erweiterung auf sieben Ps

Bisher wurden nur die vier Ps des klassischen Marketings betrachtet. Im folgenden Abschnitt sollen zusätzlich die Personalpolitik (Personnel), die Prozesspolitik (Process Management) und die Ausstattungspolitik (Physical Facilities) betrachtet werden (Abb. 69).

### 9.7.1 *Personalpolitik* (Personnel)

**interner Kunde**

Die Personalpolitik ist aus Sicht des Marketings zu einem wichtigen Instrument geworden, da sie den Mitarbeiter als internen Kunden sieht. Man geht von einem Beziehungsdreieck aus (Abb. 70).

**Abb. 69:** Die sieben Ps (in Anlehnung an Meffert/Bruhn 2006, 388)

Vor allem in sozialen Unternehmen stellen Mitarbeiter die wichtigste Ressource für den Leistungserstellungsprozess dar. Ziel der Personalpolitik muss daher sein, die Mitarbeiter zu kundenorientierten und motivierten Mitarbeitern zu machen und somit die Kundenzufriedenheit, aber auch die Mitarbeiterzufriedenheit zu erhöhen. Vor allem bei längeren Kunden-Mitarbeiter-Beziehungen, wie sie für viele soziale Organisationen (z.B. Behindertenhilfe) typisch sind, müssen die Mitarbeiter stabile Beziehungen zu den Kunden aufbauen können.

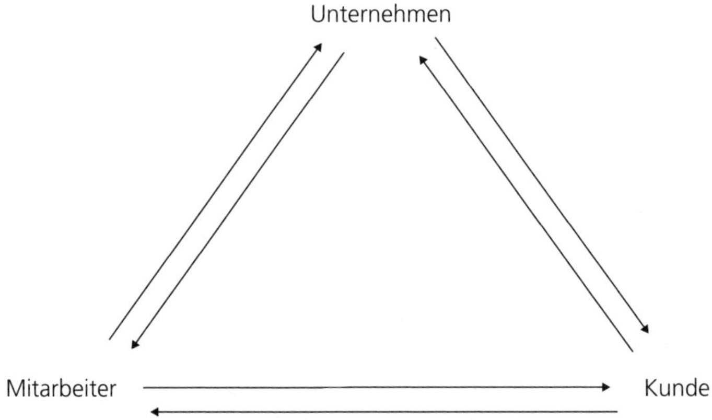


**Abb. 70:** Wechselbeziehungen Unternehmen – Kunde – Mitarbeiter

Die Personalpolitik ist ein wichtiges internes Marketinginstrument von sozialen Organisationen.

## 9.7.2 *Prozesspolitik* (Process)

Die Prozesspolitik, häufig auch Prozessmanagement genannt, ist ein System von Tätigkeiten, das, ausgehend von Ereignissen (z.B. eingehender Anruf bei der Telefonseelsorge), die Eingaben in Ergebnisse umgestaltet. Das Prozessmanagement schließt alle organisatorischen Prozesse ein.

**Prozessoptimierung**

Da Leistungen an der Schnittstelle zwischen Kunden und Mitarbeiter erbracht werden, ist die Gestaltung zentraler Prozesse von elementarer Bedeutung.

Die Ausführungen zum Qualitätsmanagement haben bereits verdeutlicht, dass Prozesse verbessert, systematisch gestaltet und gemanagt werden. Innovationen sind bei der Prozessumgestaltung ein wichtiger Bestandteil zur Steigerung der Kundenzufriedenheit.

Die Prozesspolitik versucht Qualitäten zu verbessern, zeitliche Abläufe zu optimieren, Kundenzufriedenheit zu steigern, die Interaktionsqualität zu erhöhen und Kosten zu senken.

Damit diese Ziele konkreter verfolgt werden können, sollte eine Prozessoptimierung anhand eines strukturierten Ablaufes durchgeführt werden (Abb.71).

Wenn der Klient in einer Organisation in der Mitte des Handelns steht, ist dies das erste Zeichen einer prozessorientierten Organisation.

## 9.7.3 *Ausstattungspolitik* (Physical Facilities)

Die Ausstattungspolitik beinhaltet das Erscheinungsbild des Ortes, der Materialien und der Mitarbeiter, die zur Erstellung der Leistung benötigt werden. Ein gutes Beispiel hierfür ist der Eingangsbereich eines Altenheims. Im Rahmen der Ausstattungspolitik wird versucht, für den Klienten ein möglichst angenehmes Ambiente zu schaffen.

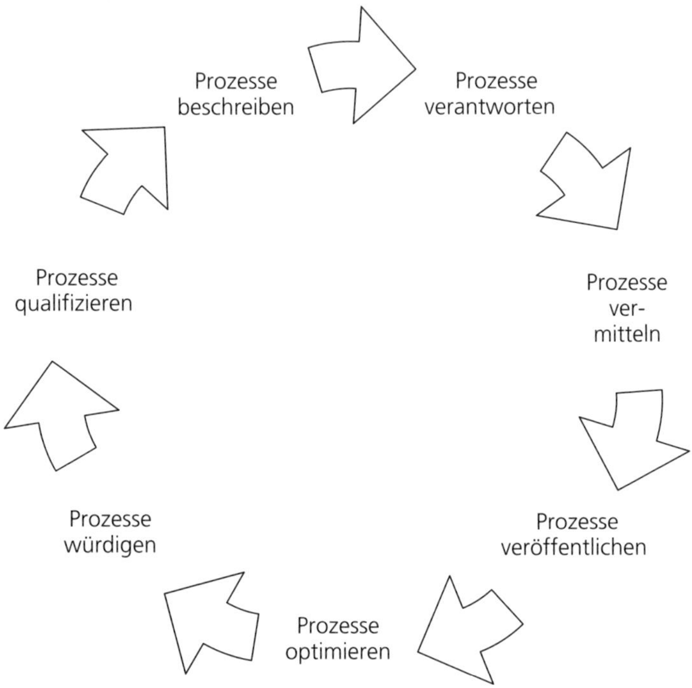


**Abb. 71:** Ablauf der Prozessbearbeitung

Die Ausstattungspolitik versucht Dienstleistungen fassbarer, attraktiver und vergleichbarer zu machen.

**Attraktivität erhöhen**

Leistungen werden produziert und gleichzeitig auch konsumiert. Somit hat der Klient vorher nicht die Möglichkeit, sich das Produkt anzuschauen. Um die Attraktivität für den Klienten zu erhöhen, versucht man über Visualisierungen den Klienten für sich zu gewinnen. Die Ausstattungspolitik stellt eine gewisse Möglichkeit dar, den Klienten für die angebotene Leistung zu begeistern. Man versucht mit diesem Instrument, eine emotionale Brücke zwischen dem Klienten und der sozialen Einrichtung zu schaffen.

Mögliche Ansatzpunkte der Umgestaltung bieten Gesichtspunkte wie Design, Ausstattung oder etwa die Beschriftung. Neben materiellen Veränderungen kann auch das Erscheinungsbild der Mitarbeiter von Bedeutung sein.

Birzele/Thieme (2007): Sozialmarketing, Grundlagen Sozialer Arbeit

Bruhn (2005): Marketing für Nonprofit-Organisationen. Grundlagen – Konzepte – Instrumente

Meffert/Bruhn (2006): Dienstleistungsmarketing. Grundlagen – Konzepte – Methoden

## Literatur


Arnold, U., Maelicke, B. (Hrsg.) (2003): Lehrbuch der Sozialwirtschaft. 2. Aufl. Nomos, Baden-Baden

Badelt, C. (2006): Handbuch der Nonprofit-Organisation – Strukturen und Management. 4. Aufl. Schäffer-Poeschel, Stuttgart

Bank für Sozialwirtschaft (Hrsg.) (2005): Finanzierungsprobleme und Finanzierungsmöglichkeiten in der Freien Wohlfahrtspflege. Eigenverlag BfS, Köln

Baum, H.-G., Conenberg, A. G., Günther, T. (2007): Strategisches Controlling. 4. Aufl. Schäffer-Poeschel, Stuttgart

Baus, J. (2003): Controlling. Lehr- und Arbeitsbuch für die Fort- und Weiterbildung. 3. Aufl. Cornelsen, Berlin

Beck, G. (1999): Controlling. 2. Aufl. Ziel, Augsburg

Berthel, J. (1980): Personalplanung. In: Albers, W. (Hrsg.): Handwörterbuch der Wirtschaftswissenschaften. G. Fischer, Stuttgart, 55–66

– (2000): Personal-Management: Grundzüge für Konzeptionen. 6. Aufl. Schäffer-Poeschel, Stuttgart

Birzele, H.-J., Thieme, L. (2007): Sozialmarketing. Grundlagen Sozialer Arbeit. Wochenschau, Schwalbach i. Ts.

Bono, L. M. (2006): NPO Controlling – Professionelle Steuerung sozialer Dienstleistungen. Schäffer-Poeschel, Stuttgart

Brauer, J.-P., Horn, T. (2007): DIN EN ISO 9000:2000ff umsetzen. Gestaltungshilfen zum Aufbau Ihres Qualitätsmanagementsystems. 4. Aufl. Hanser, München

Bruhn, M. (2005): Marketing für Nonprofit-Organisationen. Grundlagen – Konzepte – Instrumente. Kohlhammer, Stuttgart

Brückers, R. (2003): Tandem QM – Das integrierte QM-Konzept in der sozialen Arbeit. AWO-Bundesverband, Bonn

Conenberg, A. G. (2003): Kostenrechnung und Kostenanalyse. 5. Aufl. Schäffer-Poeschel, Stuttgart

Drumm, H. J. (2005): Personalwirtschaft. 5. Aufl. Springer, Berlin

Eisenreich, T., Halfar, B., Moos, G. (Hrsg.) (2005): Steuerung sozialer Betriebe und Unternehmen mit Kennzahlen. Nomos, Baden-Baden

–, Peters, A. (Hrsg.) (2006): Kostenmanagement: Erfolgreich steuern in Sozialwirtschaft und Behindertenhilfe. Lebenshilfe, Marburg

Falk, R. (2004): Personalwirtschaftslehre für Dienstleistungsbetriebe. Personalmanagement für Betriebe der Gesundheits- und Sozialwirtschaft sowie Sportvereine und Sportverbände. Shaker, Aachen

Finke, R. (2005): Grundlagen des Risikomanagements: Quantitatives Risikomanagement – Methoden für Einsteiger und Praktiker. Wiley-VCH, Weinheim

Gembrys, S., Herrmann, J. (2006): Qualitätsmanagement. Haufe, Freiburg i. Br.

Glaap, W. (1996): TQM in der Praxis leicht gemacht: Hilfen und Hinweise für Einführung von QM-Systemen. Hanser, München

Graumann, M. (2008): Controlling. Begriff, Elemente, Methoden und Schnittstellen. 2. Aufl. Verlag IDW, Düsseldorf

– (2008): Kostenrechnung und Kostenmanagement. 3. Aufl. Deutscher Genossenschaftsverlag, Wiesbaden

Halfar, B. (Hrsg.) (1999): Finanzierung sozialer Dienste und Einrichtungen. Nomos, Baden-Baden

Hauser, A., Neubarth, R., Obermair, W. (2000): Sozial-Management. Praxis-Handbuch soziale Dienstleistungen. 2. Aufl. Luchterhand, Neuwied / Kriftel

Jeserich, W. (1981): Mitarbeiter auswählen und fördern. Assessment-Center-Verfahren. Hanser, München

Jossé, G. (2001): Basiswissen Kostenrechnung: Kostenarten, Kostenstellen, Kostenträger, Kostenmanagement. 2. Aufl. dtv, München

Jung, R. H., Bruck, J., Quarg, S. (2007): Allgemeine Managementlehre. Lehrbuch für die angewandte Unternehmens- und Personalführung. 2. Aufl. Erich Schmidt, Berlin

Keitsch, D. (2004): Risikomanagement. 2. Aufl. Schäffer-Poeschel, Stuttgart

Knorr, F. (2001): Personalmanagement in der Sozialwirtschaft, Lambertus, Freiburg i. Br.

–, Offer, H. (1999): Betriebswirtschaftslehre – Grundlagen für die Soziale Arbeit. Luchterhand, Neuwied / Kriftel

–, Scheibe-Jaeger; A. (2002): Sozialökonomie – Volkswirtschaftliche und betriebswirtschaftliche Grundlagen für die Soziale Arbeit. Deutscher Verein für öffentliche und private Fürsorge, Frankfurt a. M.

Maelicke, B. (2002): Strategische Unternehmensentwicklung in der Sozialwirtschaft. Nomos, Baden-Baden

– (2006): Finanzierung in der Sozialwirtschaft – Chancen und Risiken des Umbruchs. Nomos, Baden-Baden

Meffert, H., Bruhn, M. (2006): Dienstleistungsmarketing. Grundlagen – Konzepte – Methoden. 5. Aufl. Gabler, Wiesbaden

Meinhold, M. (1998): Qualitätssicherung und Qualitätsmanagement in der sozialen Arbeit. Einführung und Arbeitshilfen. 3. Aufl. Lambertus, Freiburg i. Br.

Moos, G., Zacher, J. (Hrsg.) (2000): Zukunft der Sozialwirtschaft: Impulse aus Theorie und Praxis. Lambertus, Freiburg i. Br.

Peterander, F., Speck, O. (Hrsg.) (2004): Qualitätsmanagement in sozialen Einrichtungen. 2. Aufl. Ernst Reinhardt, München / Basel

Peters, A. (2006): Strategische Ziele finden und umsetzen – Was können Führungssysteme wie die BSC leisten? In: Blonski, H. (Hrsg.): Strategisches Management in der Pflegeorganisation. Konzepte, Instrumente und Anregungen. Schlütersche, Hannover, 131–149

–, Peters, V. (2006): Controlling. In: Loffing, C. Augsten, M., Böning, D. (Hrsg.): Erfolgsfaktor Pflegedienst. Ambulante Einrichtungen sicher und erfolgreich managen. RS Schulz, Starnberg, Kap. A IX

Pfnür, A. (2007): Modernes Immobilienmanagement. Springer, Berlin

Piehl, A., Ristok, B. (1998): Kosten senken – Erlöse steigern in stationären Pflegeeinrichtungen. Lambertus, Freiburg i. Br.

Pracht, A. (2002): Betriebswirtschaftslehre für das Sozialwesen – Eine Einführung in betriebswirtschaftliches Denken im Sozial- und Gesundheitsbereich. Juventa, Weinheim / München

–, Bacherl, R. (2005): Strategisches Controlling: Controlling und Rechnungswesen in sozialen Unternehmen. Juventa, Weinheim / München

Schellberg, K. (2002): Kostenmanagement in Sozialunternehmen. Ziel, Augsburg

– (2004): Betriebswirtschaftslehre für Sozialunternehmen. Ziel, Augsburg

Schindewolf, K. (2002): Betriebswirtschaftslehre – Organisation und Betriebsführung in der Altenpflege. Urban & Fischer, München / Jena

Schmitz, T., Wehrheim, M. (2006): Risikomanagement. Grundlagen – Theorie – Praxis. Kohlhammer, Stuttgart

Schwarz, P. (2006): Management-Prozesse und -Systeme in Nonprofit-Organisationen. Haupt, Bern

Steinbach, F. (2006): Balanced Scorecard im Corporate Real Estate- und Facilitymanagement. Diplomica, Mannheim

Thommen, J.-P., Achleitner, A.-K. (2003): Allgemeine Betriebswirtschaftslehre. Umfassende Einführung aus managementorientierter Sicht. 4. Aufl. Gabler, Wiesbaden

Tiebel, C. (1998): Strategisches Controlling in Non Profit Organisationen. Vahlen, München

Vilain, M. (2006): Finanzierungslehre für Nonprofit- Organisationen. Zwischen Auftrag und ökonomischer Notwendigkeit. VS Verlag für Sozialwissenschaften, Wiesbaden

Wendel, V. (2001): Controlling in Nonprofit-Unternehmen des stationären Gesundheitssektors. Nomos, Baden-Baden

Wolf, K., Runzheimer, B. (2003): Risikomanagement und KonTraG. Konzeption und Implementierung. 4. Aufl. Gabler, Wiesbaden

Wöhe, G. (1996): Einführung in die Allgemeine Betriebswirtschaftslehre. 19. Aufl. Vahlen, München

## Sachregister